U0236830

水利水电工程施工实用手册

模板工程施工

《水利水电工程施工实用手册》编委会　编

中国环境出版社

图书在版编目(CIP)数据

模板工程施工 /《水利水电工程施工实用手册》编委会编. —北京:中国环境出版社,2017.12

(水利水电工程施工实用手册)

ISBN 978-7-5111-3098-3

Ⅰ. ①模… Ⅱ. ①水… Ⅲ. ①水利水电工程—模板法工程—技术手册 Ⅳ. ①TV54-62

中国版本图书馆 CIP 数据核字(2017)第 045291 号

出 版 人 武德凯
责任编辑 罗永席
责任校对 尹 芳
装帧设计 宋 瑞

出版发行 **中国环境出版社**
(100062 北京市东城区广渠门内大街 16 号)
网 址:http://www.cesp.com.cn
电子邮箱:bjgl@cesp.com.cn
联系电话:010-67112765(编辑管理部)
010-67112739(建筑分社)
发行热线:010-67125803,010-67113405(传真)
印装质量热线:010-67113404
印 刷 北京盛通印刷股份有限公司
经 销 各地新华书店
版 次 2017 年 12 月第 1 版
印 次 2017 年 12 月第 1 次印刷
开 本 787×1092 1/32
印 张 8.25
字 数 218 千字
定 价 26.00 元

《水利水电工程施工实用手册》
编委会

总 主 编：赵长海

副总主编：郭明祥

编　　委：冯玉禄　李建林　李行洋　张卫军

　　　　　刁望利　傅国华　肖恩尚　孔祥生

　　　　　何福元　向亚卿　王玉竹　刘能胜

　　　　　甘维忠　冷鹏主　钟汉华　董　伟

　　　　　王学信　毛广锋　陈忠伟　杨联东

　　　　　胡昌春

审　　定：中国水利工程协会

《模板工程施工》

主　　编：董　伟

副 主 编：石　硕　王剑君

参编人员：米永军　周　琴　周　丽　栾远懋

主　　审：杨和明　付兴安

前　言

　　水利水电工程施工虽然与一般的工民建、市政工程及其他土木工程施工有许多共同之处，但由于其施工条件较为复杂，工程规模较为庞大，施工技术要求高，因此又具有明显的复杂性、多样性、实践性、风险性和不连续性的特点。如何科学、规范地进行水利水电工程施工是一个不断实践和探索的过程。近 20 年来，我国水利水电建设事业有了突飞猛进的发展，一大批水利水电工程相继建成，取得了举世瞩目的成就，同时水利水电施工技术水平也得到极大的提高，很多方面已达到世界领先水平。对这些成熟的施工经验、技术成果进行总结，进而推广应用，是一项对企业、行业和全社会都有现实意义的任务。

　　为了满足水利水电工程施工一线工程技术人员和操作工人的业务需求，着眼提高其业务技术水平和操作技能，在中国水利工程协会指导下，湖北水总水利水电建设股份有限公司联合湖北水利水电职业技术学院、中国水电基础局有限公司、中国水电第三工程局有限公司制造安装分局、郑州水工机械有限公司、湖北正平水利水电工程质量检测公司、山东水总集团有限公司等十多家施工单位、大专院校和科研院所，共同组成《水利水电工程施工实用手册》丛书编委会，组织编写了《水利水电工程施工实用手册》丛书。本套丛书共计 16 册，参与编写的施工技术人员及专家达 150 余人，从 2015 年 5 月开始，历时两年多时间完成。

　　本套丛书以现场需要为目的，只讲做法和结论，突出"实用"二字，围绕"工程"做文章，让一线人员拿来就能学，学了就会用。为达到学以致用的目的，本丛书突出了两大特点：一是通俗易懂、注重实用，手册编写是有意把一些繁琐的原理分析去掉，直接将最实用的内容呈现在读者面前；二是专业独立、相互呼应，全套丛书共计 16 册，各册内容既相互关联,又相对独立,实际工作中可以根据工程和专业需要,选择一本或几本进行参考使用,为一线工程技术人员使用本手册提供最大的便利。

《水利水电工程施工实用手册》丛书涵盖以下内容:

1)工程识图与施工测量;2)建筑材料与检测;3)地基与基础处理工程施工;4)灌浆工程施工;5)混凝土防渗墙工程施工;6)土石方开挖工程施工;7)砌体工程施工;8)土石坝工程施工;9)混凝土面板堆石坝工程施工;10)堤防工程施工;11)疏浚与吹填工程施工;12)钢筋工程施工;13)模板工程施工;14)混凝土工程施工;15)金属结构制造与安装(上、下册);16)机电设备安装。

在这套丛书编写和审稿过程中,我们遵循以下原则和要求对技术内容进行编写和审核:

1)各册的技术内容,要求符合现行国家或行业标准与技术规范。对于国内外先进施工技术,一般要经过国内工程实践证明实用可行,方可纳入。

2)以专业分类为纲,施工工序为目,各册、章、节格式基本保持一致,尽量做到简明化、数据化、表格化和图示化。对于技术内容,求对不求全,求准不求多,求实用不求系统,突出丛书的实用性。

3)为保持各册内容相对独立、完整,各册之间允许有部分内容重叠,但本册内应避免出现重复。

4)尽量反映近年来国内外水利水电施工领域的新技术、新工艺、新材料、新设备和科技创新成果,以便工程技术人员参考应用。

参加本套丛书编写的多为施工单位的一线工程技术人员,还有设计、科研单位和部分大专院校的专家、教授,参与审核的多为水利水电行业内有丰富施工经验的知名人士,全体参编人员和审核专家都付出了辛勤的劳动和智慧,在此一并表示感谢! 在丛书的编写过程中,武汉大学水利水电学院的申明亮、朱传云教授,三峡大学水利与环境学院周宜红、赵春菊、孟永东教授,长江勘测规划设计研究院陈勇伦、李锋教授级高级工程师,黄河勘测规划设计有限公司孙胜利、李志明教授级高级工程师等,都对本书的编写提出了宝贵的意见,我们深表谢意!

中国水利工程协会组织并主持了本套丛书的审定工作,有关领导给予了大力支持,特邀专家们也都提出了修改意见和指导性建议,在此表示衷心感谢!

由于水利水电施工技术和工艺正在不断地进步和提高,而编写人员所收集、掌握的资料和专业技术水平毕竟有限,书中难免有很多不妥之处乃至错误,恳请广大的读者、专家和工程技术人员不吝指正,以便再版时增补订正。

让我们不忘初心,继续前行,携手共创水利水电工程建设事业美好明天!

《水利水电工程施工实用手册》编委会

2017 年 10 月 12 日

目 录

前　言

绪　论 ……………………………………………………… 1
　　第一节　模板概述 …………………………………… 1
　　第二节　模板的分类与选择 ………………………… 2

第一章　模板设计基本知识 ……………………………… 7
　　第一节　设计荷载及荷载组合 ……………………… 8
　　第二节　模板强度、刚度、稳定性 …………………… 14
　　第三节　模板配板设计及支模设计 ………………… 22

第二章　模板支撑体系 …………………………………… 28
　　第一节　模板支撑脚手架的分类和基本要求 ……… 28
　　第二节　扣件式钢管脚手架的基本构造与
　　　　　　主要杆件 ………………………………… 35
　　第三节　模板支架设计计算 ………………………… 37
　　第四节　扣件式钢管模板支架设计计算实例 ……… 57

第三章　木模板制作 ……………………………………… 66
　　第一节　木材知识 …………………………………… 66
　　第二节　木工工具和木工机械 ……………………… 76
　　第三节　木模板制作及质量标准 …………………… 97

第四章　模板的安装与拆除 ……………………………… 106
　　第一节　模板安装要求 ……………………………… 106
　　第二节　定型组合钢模板 …………………………… 110
　　第三节　竹(木)夹模板 ……………………………… 122
　　第四节　大坝模板 …………………………………… 130
　　第五节　特殊部位的模板 …………………………… 136
　　第六节　模板拆除与维修 …………………………… 145

第五章　特种模板 ………………………………………… 149
　　第一节　预制混凝土模板 …………………………… 149
　　第二节　压型钢板模板 ……………………………… 159

　　　第三节　滑动模板 ……………………………… 165

　　　第四节　隧洞钢模台车与针梁模板 …………… 187

　　　第五节　清水混凝土模板 ……………………… 197

　　　第六节　其他模板 ……………………………… 199

第六章　模板工程安全知识 ………………………… 213

　　　第一节　一般规定 …………………………… 213

　　　第二节　木工机械使用安全 ………………… 215

　　　第三节　立模与拆模安全 …………………… 218

　　　第四节　滑动模板施工安全 ………………… 220

第七章　模板工程质量控制检查与验收 …………… 229

　　　第一节　模板工程质量控制与检查 ………… 229

　　　第二节　模板工程质量等级评定 …………… 240

参考文献 ……………………………………………… 252

绪　论

第一节　模　板　概　述

一、模板的作用

模板工程(formwork)指新浇混凝土成型的模板以及支承模板的一整套构造体系,其中,接触混凝土并控制预定尺寸、形状、位置的构造部分称为模板,支持和固定模板的杆件、桁架、联结件、金属附件、工作便桥等构成支承体系,对于滑动模板,自升模板则增设提升动力以及提升架、平台等构成。模板工程在混凝土施工中是一种临时结构。

模板施工技术对从事水利水电行业的人来说是必须掌握的技术与技能。模板工程是水利水电工程施工中的一项重要工程,模板工程施工质量的好坏,直接关系到整个水利水电工程的质量。

二、模板的基本要求

在水利水电工程混凝土结构施工中,对模板结构有以下基本要求:

(1)应保证混凝土结构和构件浇筑后的各部分形状和尺寸以及相互位置的准确性。

(2)具有足够的稳定性、刚度及强度,并能可靠地承受模板自重、新浇混凝土的自重荷载、侧压力以及施工过程中的施工荷载,并保证变形在允许范围内。

(3)构造简单,装拆方便,并便于钢筋的绑扎和安装,有利于混凝土的浇筑及养护,能够多次周转使用、形式要尽量做到标准化、系列化。

(4)接缝应不易漏浆、表面要光洁平整。

(5)所用材料受潮后不易变形。

(6) 注意节约材料。

三、水利水电工程模板的发展现状

水利水电工程是我国社会主义建设的重要建设项目之一，它关系到我国经济的发展和人们生活水平的提高。模板施工，是现代水利水电工程建设最重要的施工趋势。我国由于特定的历史背景和国情，水利水电工程发展起步较晚，对模板技术的研究一度进展缓慢，近些年来，随着科技水平的不断提高，模板技术相比于传统的技术有了较大的突破，在性能上、操作上都有了较大的改进，这也是科技带给我们的好处。就实际的施工情况而言，我国水利水电模板施工已经由原来的小模板、小钢模朝着大规模系列化、标准化的方向发展，这也是今后模板施工技术的发展方向。

第二节　模板的分类与选择

经验之谈

模板选择原则

★模板类型应适合结构物外型轮廓，有利于机械化操作和提高周转次数；

★宜多用钢模、少用木模；

★结构型式宜标准化、系列化；便于制作、安装、拆卸和提升，条件适合时宜选用滑模或悬臂式、组合式钢模。

一、模板的分类

按照形状分为平面模板和曲面模板两种；按受力条件分为承重和非承重模板（即承受混凝土的重量和混凝土的侧压力）；按照材料分为木模板、钢模板、钢木组合模板、重力式混凝土模板、钢筋混凝土镶面模板、铝合金模板、塑料模板等；按照结构和使用特点分为拆移式、固定式两种；按其特种功能有滑动模板、真空吸盘或真空软盘模板、保温模板、钢模台车等。

在模板类型中，我国一般将长度、宽度大于3m的模板称之为大型模板。目前，在现代水利水电工程设计建造中，常见的有尾水管大型模板、蜗壳大型模板、流道渐变段大型模板、隧洞衬砌模板以及坝体大型悬臂模板等。

二、模板选择的原则

《水工混凝土施工规范》(SL 677—2014)中规定："模板选用应与混凝土结构的特征、施工条件和浇筑方法相适应。大体积混凝土宜优先选用悬臂模板。组合钢模板、大型模板、滑动模板、翻转模板等模板设计、制作和施工应遵守《滑动模板工程技术规范》(GB 50113—2015)、《组合钢模板技术规范》(GB/T 50214—2013)和《水工建筑物滑动模板施工技术规范》(SL 32—2014)的相应规定。"

《水利水电工程施工组织设计规范》(SL 303—2004)中规定："模板选择可遵守下列原则：(1)模板类型应适合结构物外型轮廓，有利于机械化操作和提高周转次数；(2)宜多用钢模、少用木模；(3)结构型式宜标准化、系列化，便于制作、安装、拆卸和提升，条件适合时宜选用滑模或悬臂式、组合式钢模。"

《水电水利工程模板施工规范》(DL/T 5110—2013)中也规定："模板选用应与混凝土结构和构件的特征、施工条件和浇筑方法相适应，合理选用模板材料及模板方案。宜优先采用定型化、标准化的模板体系。"

大中型水利水电工程项目中模板费用所占比例较高，为提高经济效益、社会效益，在设计整个工程模板施工方案时应全面统筹分析研究。其原则是：确保混凝土工程外观的质量及施工安全，模板施工中使用方便，操作简单，周转率高，通用性强，使用费低。

1. 基础部位宜采用组合钢模板，木模板或钢木混合模板

一般情况下建基岩面高低不平，很不规则，不宜采用大面积高档模板。通常根据每个仓位的具体情况采用组合钢模进行拼装，局部空缺处采用木模板补充，或者采用钢木混合面板，其围檩支撑一般采用 $\phi48$ 钢管及相应扣件加固。

2. 其他工程部位根据分部分项工程的具体情况研究确定最优模板方案

坝体升高仓位的模板选择，应根据仓位的具体形状、轮廓尺寸、浇筑层高、混凝土入仓强度及方法等因素研究确定。有以下几种情况：

（1）自行设计制作，可根据《水电水利工程模板施工规范》（DL/T 5110—2013）中的有关规定，进行设计计算、加工制作；

（2）可以委托专业模板生产厂家进行设计制作、供货及维修。

3. 应按浇筑部位层厚、入仓方式、入仓强度进行模板规划设计

（1）根据浇筑部位混凝土外观要求选用模板的面板材料（钢板、胶合板、组合板等）。

1）使用组合钢模板，可按混凝土浇筑仓位的实际需要进行组合配板，灵活方便。但其组块多、刚度小，紧固支撑材料多、仓内拉杆较多，拆除后混凝土表面质量欠佳，表面处理工作量较大。

2）大型水工建筑物，最好选用性能优良的专用大坝系列模板，其面板材料可按设计对混凝土外观要求，选用钢面板、胶合板或更优良的其他材料做面板。对确保建筑物外观和内部质量都是有利的。

（2）选用的模板易于安装、拆卸、维修方便、经济。

1）组合钢模板安装、拆除都较麻烦，耗用辅助材料多、用工多，模板易变形损伤。不易校正修复。

2）专用大坝系列模板由面板系统、支撑系统、锚固系统、工作平台等组成。生产标准化、系列化。操作人员经过适当现场培训，即可熟练掌握其安装、调整、拆除等全套技术，简单、快捷、方便。该系列模板维修方便，周转使用次数多，平均使用费低。

（3）模板应具有足够的刚度，密封性能好，使用安全可靠。

1)实践证明,各类模板的强度都能满足计算时所采用的荷载组合的要求。但刚度则不一定能满足施工中的实际要求。主要原因是实际施工时的许多情况在计算时难以充分估计到。

2)选择模板时应充分重视其刚度(包括面板、支撑、锚固系统、辅助系统);专用大坝系列模板在设计上对刚度给予了足够重视,同时对其密封性作了良好改进。

(4)特殊部位的承重模板及支架选取。

1)特殊部位如导流底孔、引水隧洞、进口段、尾水出口段等均为高速水流的过流面。这些部位的混凝土面要求有较强的抗冲耐磨能力,每个面都应光洁、顺畅,无错台或凸凹缺陷。其模板应达到:①表面平整度符合规范要求,光滑无缝隙;②安装支撑牢固,尤其承重模板的支撑除牢固外,还应作预压,以消除非弹性应变;③结构设计应合理,方便安装和拆除。

2)大坝溢流面弧线变化较大,面层混凝土强度较高,平整度要求较高。为达到设计和规范要求,大量工程实践证明,采用牵引式拉模(或滑模)施工比较适宜。拉模(或滑模)设计、制作及安装使用中,应特别注意其安全性、可靠性。如牵引设备、钢丝绳、保险装置都必须安全可靠。

3)消力戽的模板安装应按设计线型严格控制。其有效方法是按设计线型制作样架,先将样架安装到立模的适当部位,作为模板面板线型的控制装置,在模板安装固定后将样架拆除。

(5)悬臂结构模板的支撑应牢固可靠。

悬臂模板设计时,其安全系数应选用上限值。除组合荷载外,应注意不可预见因素。

1)悬挑1.5m以内的模板可采用牛腿支撑,下三角支架必须牢固;三角支架可用木结构,也可用钢结构。但必须经过认真的设计计算。牛腿支撑与坝体(闸墩)连接,可用螺杆,也可用焊接。但均应经过设计计算,校验连接处的抗剪、抗扭强度。三角支撑牛腿安装必须牢固可靠。

2)悬挑大于1.5m的模板其牛腿支撑采用三角支架加

内拉,内拉钢筋及锚固必须安全可靠。

大于1.5m悬臂模板的支撑,可采用定型贝雷架进行组装,也可以自行设计制作三角型支撑架。无论采用哪种方案,都应经过设计计算。确保支撑有足够的安全系数。

悬臂支架安装应牢固可靠。为了安全,可在仓内加设反拉支撑。反拉支撑应经过校核计算。反拉筋可固定在预埋锚桩上,也可固定在预设支承柱上。

(6)水电站引水隧洞钢筋混凝土衬砌模板。应根据隧洞直径、设计衬砌单段长度、隧洞长度、坡比、转弯半径、围岩情况等进行设计。曾运用过的方案有:①自行式针梁钢模台车。②牵引式钢模台车。③拼装式钢模板。④液压式钢模台车等。

(7)引水隧洞的调压井衬砌模板。曾运用过的方案有:①爬升模板,设计模板时要充分考虑混凝土浇筑时其浮托力对模板移位的影响。②全断面液压滑升模板等。

(8)堆石坝钢筋混凝土面板施工大都采用被动滑升模板或牵引式拉升模板。模板设计时应充分考虑混凝土的浮托力。

(9)钢筋混凝土拱坝模板。应根据其上下游弧线曲率及坝段长度确定模板宽度及高度,可采用爬模或翻升模板。

(10)永久性钢筋混凝土模板。如廊道顶拱模板。设计时应考虑:

1)混凝土强度应与相应部位坝体混凝土强度稍高;

2)起吊、运输、安装方便、安全、接缝严密;

3)其制作时模板安装、拆除方便,不变形,周转使用次数多。

4.坝体分缝处键槽模板的配置

混凝土重力坝的横(纵)缝、拱坝的横缝上设计有不同形状的键槽,如梯形、半球形、椭圆形、截冠半圆形等。键槽模板都设置在先浇坝块的纵(横)缝竖向模板上。在设计有键槽部位的模板时,可以将键槽模板与相应部位的平面模板结合在一起,也可以分开设计。应根据模板的使用情况来确定。

第一章

模板设计基本知识

定型模板和常用的模板拼板,在其适用范围内一般不须进行设计或验算。但对于一些特殊结构、新型体系的模板,或超出适用范围的一般模板则应进行设计和验算。

模板系统的设计,包括选型、选材、荷载计算、结构计算、拟定制作安装和拆除方案及绘制模板图等。模板及其支架的设计应根据工程结构形式、荷载大小、地基土类别、施工设备和材料供应等条件进行。

一、模板设计的原则

(1)要保证构件的形状尺寸及相互位置的正确。

(2)要使模板有足够的强度、刚度和稳定性,能够承受模板自重,新浇混凝土的重量和侧压力,以及各种施工荷载;变形不大于2mm。

(3)力求构造简单、装拆方便,不妨碍钢筋绑扎,保证混凝土浇筑时不漏浆。

(4)配制的模板,应优先选用通用、大块模板,使其种类和块数最少,木模镶拼量最少。

(5)模板长向拼接宜采用错开布置,以增加模板的整体刚度。当拼接集中布置时,应使每块模板有两处钢楞支承。

(6)内钢楞应垂直模板长度方向布置,直接承受模板传来的荷载;外钢楞应与内钢楞互相垂直,用来承受内钢楞传来的荷载或用以加强模板结构的整体刚度和调整平直度,其规格不得小于内钢楞。

(7)对拉螺栓和扣件应根据计算配置,并应采取措施减少钢模板上的钻孔。

（8）支承柱应有足够的强度和稳定性，一般节间长细比宜小于110，安全系数 $K>3$。支撑系统对于连续形式或排架形式的支承柱，应配置水平支撑和剪刀撑，以保证其稳定性。

二、模板设计的步骤

（1）根据施工组织设计对施工区段的划分、施工工期和流水作业的安排，应先明确需要配制模板的层段数量。

（2）根据工程情况和现场施工条件决定模板的组装方法，如现场是散装散拆，还是预拼装；支撑方法是采用钢楞支撑，还是采用桁架支撑等。

（3）根据已确定配模的层段数量，按照施工图纸中梁、柱、墙、板等构件尺寸，进行模板组配设计。

（4）进行夹箍和支撑件等的设计计算和选配工作。

（5）明确支撑系统的布置、连接和固定方法。

（6）确定预埋件的固定方法、管线埋设方法以及特殊部位（如预留孔洞）的处理方法。

（7）根据所需钢模板、连接件、支撑及架设工具等列出统计表，以便于备料。

第一节　设计荷载及荷载组合

一、设计荷载

1. 计算模板时的荷载标准值

模板设计荷载包括以下 12 项：

（1）模板的自重。模板自重标准值，应根据模板设计图纸确定。木材的容重：针叶类按 600kg/m³ 计；阔叶类按 800kg/m³ 计算。模板重量应按实际采用。根据《水电水利工程模板施工规范》（DL/T 5110—2013），采用木模板、定型组合钢模板的肋形楼板及无梁楼板模板的自重标准值，可按表 1-1 采用。

（2）新浇筑的混凝土的重力。新浇混凝土自重标准值，对普通混凝土可采用 24kN/m³，对其他混凝土可根据单位体积的实际重量确定。

表 1-1　　　　　　　　楼板模板自重标准值　　　　（单位：kN/m²）

项次	模板构件名称	木模板	定型组合钢模板
1	平板的模板及小梁	0.30	0.50
2	楼板模板(其中包括梁的模板)	0.50	0.75
3	楼板模板(楼层高度为 4m 以下)	0.75	1.10

(3) 钢筋和预埋件的重力,应根据设计图纸确定。对一般梁板结构,每立方米钢筋混凝土的钢筋自重标准值可采用下列数值:楼板 1.1kN,梁 1.5kN。

(4) 施工人员和机具设备的荷载。施工人员和设备荷载标准值应按下列规定取值:

1) 计算模板及直接支承模板的小梁时,对均布荷载取 2.5kN/m²,另应以集中荷载 2.5kN 再行验算,比较两者所得的弯矩值,按其中较大者采用。

2) 计算直接支承小梁结构构件时,均布荷载取 1.5kN/m²。

3) 计算支架立柱及其他支承结构构件时,均布荷载取 1.0kN/m²。

4) 对大型浇筑设备,如上料平台、混凝土输送泵、布料机等,按实际情况计算。

5) 混凝土堆集料高度超过 100mm 以上者按实际高度计算。

6) 模板单块宽度小于 150mm 时,集中荷载可分布在相邻的两块板上。

(5) 振捣混凝土时产生的荷载。振捣混凝土时产生的荷载标准值,对水平面模板可采用 2.0kN/m²;对垂直面模板可采用 4.0kN/m²(作用范围在新浇筑混凝土侧压力的有效压头高度之内)。

(6) 新浇筑的混凝土的侧压力。新浇筑混凝土对模板侧面的压力标准值应按下列规定取值:

1) 采用内部振捣器时,最大侧压力可按式(1-1)、式(1-2)计算,并取两个计算结果中的较小值。

$$F = 0.22\gamma_c t_0 \beta_1 \beta_2 v^{\frac{1}{2}} \qquad (1-1)$$

$$F = \gamma_c H \qquad (1\text{-}2)$$

式中：F——新浇混凝土对模板的最大侧压力，kN/m^2；

　　　γ_c——混凝土的表观容重，kN/m^3；

　　　t_0——新浇混凝土的初凝时间，h，可按实测确定，当缺乏资料时，可采用 $t_0 = 200/(T+15)$ 计算（T 为混凝土的浇筑温度，℃）；

　　　ν——混凝土的浇筑上升速度，m/h；

　　　H——混凝土侧压力计算位置处至新浇混凝土顶面的总高度，m；

　　　β_1——外加剂影响修正系数，不掺外加剂取 1.0，掺具有缓凝作用的外加剂取 1.2；

　　　β_2——混凝土坍落度影响修正系数，当坍落度小于 3cm 时取 0.85；当坍落度为 3～9cm 时，取 1.0；当坍落度大于 9cm 时，取 1.15。

2）混凝土侧压力的计算分布图形，对于薄壁混凝土如图 1-1 所示；对于大体积混凝土如图 1-2 所示。图中有效压头高度 $h = F/\gamma_c$，单位为 m。

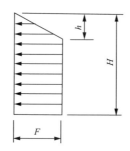

图 1-1　薄壁混凝土侧压力分布图形

3）重要部位的模板承受新浇混凝土的侧压力，应通过实测确定。

4）碾压混凝土坝的变态混凝土侧压力分布图形可采用图 1-2。

（7）新浇筑的混凝土的浮托力。新浇筑混凝土的浮托力

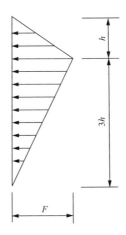

图 1-2　大体积混凝土侧压力分布图形

应由实验确定,它与混凝土的坍落度、浇筑速度、浇筑温度、振捣方式及模板受浮面的埋深等因素有关,目前尚没有经验公式,应通过试验确定。当没有试验资料时,可采用模板受浮面水平投影面积每平方米承受浮托力 15kN 进行估算。

(8)混凝土拌合物入仓时产生的冲击荷载。倾倒混凝土时对模板产生的冲击荷载,应通过实测确定。当没有实测资料时,根据《水电水利工程模板施工规范》(DL/T 5110—2013)规定,对垂直面模板产生的水平荷载标准值可按表 1-2 采用。

表 1-2　　　　倾倒混凝土时产生的水平荷载标准值

向模板供料的方法	水平荷载/(kN/m²)
用溜槽、串筒或导管输出	2
用容量小于 1m³ 的运输器具倾倒	6
用容量介于 1~3m³ 的运输器具倾倒	8
用容量大于 3m³ 的运输器具倾倒	10

注:作用范围在有效压头高度以内。

倾倒混凝土时对水平模板产生的冲击荷载,目前尚没有经验数据。当混凝土罐容积较大、下料高度较高且下料速度

较快时,此冲击荷载不应忽略。施工实践中,由于此冲击荷载过大而导致水平承重模板垮塌的事故偶有发生。根据推导,得:

$$F = m(2gH)^{1/2}/T \qquad (1-3)$$

式中:F——倾倒混凝土对水平模板的冲击力,N;

  m——混凝土罐装载混凝土的质量,kg;

  g——重力加速度,9.8m/s^2;

  H——混凝土放料口至浇筑面高度,m;

  T——整罐混凝土放空所用时间,s。

上述公式可作为参考。倾倒混凝土时对模板产生的冲击荷载是短时的、局部的,计算时宜折减为均布恒荷载。

(9)风荷载。基本风压力与模板结构物的形状、高度和所在位置有关,可按《建筑结构荷载规范》(GB 50009—2012)采用。垂直于构筑物表面上的风荷载标准值按下述规定计算,其基本风压与相关系数取值见 GB 50009—2012。

1)当计算主要承重结构时:

$$W_k = \beta_z \mu_s \mu_z \omega_0 \qquad (1-4)$$

式中:W_k——风荷载标准值,kN/m^2;

  β_z——高度 Z 处的风振系数;

  μ_s——风荷载体型系数;

  μ_z——风压高度变化系数;

  ω_0——基本风压,kN/m^2。

2)当计算围护结构时:

$$W_k = \beta_{gz} \mu_s \mu_z \omega_0 \qquad (1-5)$$

式中:β_{gz}——高度 Z 处的风振系数。

(10)混凝土与模板的黏力。使用竖向预制混凝土模板时,如浇筑速度较低,可考虑预制混凝土模板与新浇混凝土之间的黏结力,其值列于表 1-3。黏结力的计算,应按新浇混凝土与预制混凝土模板的接触面积及预计各铺层龄期,沿高度分层计算。

表 1-3　　预制混凝土模板与新浇混凝土间的黏结力

混凝土龄期/h	4	8	16	24
黏结力/(kN/m²)	2.5	5.4	7.8	27.3

（11）混凝土与模板的摩阻力。设计滑动模板时需考虑，钢模板取 1.5～3.0kN/m²，调坡时取 2.0～4.0kN/m²。

（12）雪荷载。结构物水平投影面上的雪荷载标准值，按公式（1-6）计算。其基本雪压与相关系数取值见 GB 50009—2012。

$$S_k = \mu_r S_0 \tag{1-6}$$

式中：S_k——雪荷载标准值，kN/m²；

μ_r——构筑物面积雪分布系数；

S_0——基本雪压，kN/m²。

2. 计算模板时的荷载分项系数

计算模板时的荷载设计值，应采用荷载标准值乘以相应的荷载分项系数求得。荷载分项系数应按表1-4采用。

表 1-4　　　　　　　荷载分项系数

项次	荷载类别	荷载分项系数
1	模板的自重	1.2
2	新浇筑的混凝土的自重	
3	钢筋和预埋件的自重	
4	施工人员和机具设备的荷载	1.4
5	振捣混凝土时产生的荷载	
6	新浇筑的混凝土对模板的侧压力	1.2
7	新浇筑的混凝土的浮托力	
8	混凝土拌合物入仓时产生的冲击荷载	1.4
9	风荷载	
10	混凝土与模板的摩阻力	

二、设计荷载组合及稳定校核

计算模板的强度和刚度时，应根据模板种类及施工具体情况，一般按表 1-5 的荷载组合（特殊荷载按可能发生的情况)进行计算。

表 1-5 常用模板的荷载组合

模板类别	荷载组合（数字为上述 12 项中的序号）	
	计算承载能力	验算刚度
薄板和薄壳的底模板	(1)、(2)、(3)、(4)	(1)、(2)、(3)、(4)
厚板、梁和拱的底模板	(1)、(2)、(3)、(4)、(5)	(1)、(2)、(3)、(4)、(5)
梁、拱、柱(边长≤300mm)、墙(厚≤400mm)的侧面垂直模板	(5)、(6)	(6)
大体积结构、厚板、柱(边长>300mm)、墙(厚>400mm)的侧面垂直模板	(5)、(6)、(8)	(6)、(8)
悬臂模板	(1)、(2)、(3)、(4)、(5)、(6)、(8)	(1)、(2)、(3)、(4)、(5)、(6)、(8)
隧洞衬砌模板台车	(1)、(2)、(3)、(4)、(5)、(6)、(7)	(1)、(2)、(3)、(4)、(6)、(7)

注：1. 当底模板承受倾倒混凝土时产生的荷载对模板的承载能力和变形有较大影响时，应考虑荷载(8)。

2. 滑动模板的荷载组合应按《水工建筑物滑动模板施工技术规范》(DL/T 5400—2016)执行。

3. 验算露头模板结构的抗倾覆稳定性时，应考虑荷载(9)。

第二节 模板强度、刚度、稳定性

特别提示

模板及支架的变形限值相关规定

★对结构表面外露的模板，挠度不得大于模板构件计算跨度的1/400；

★对结构表面隐蔽的模板，挠度不得大于模板构件计算跨度的1/250；

★支架的轴向压缩变形值或侧向弹性挠度值不得大于计算高度或计算跨度的1/1000。

模板及支架必须具有足够的强度、刚度和稳定性,能够承受施工过程中可能产生的各种荷载。

模板及支架结构计算,根据构造和受力情况,将整个结构分解成若干基本构件,对基本构件进行强度计算和刚度验算。模板及支架强度计算、刚度验算的方法规范没有规定,实践中是参考《木结构设计规范》(GB 50005—2003)、《钢结构设计规范》(GB 50017—2003),结合实际情况进行计算。

一、模板强度计算

强度计算就是要保证模板和支架结构在设计荷载作用下不会发生破坏。用力学方法求出构件截面应力,计算应力值应小于材料的允许应力。

模板及支架作为临时设施,允许应力可按材料允许应力的 1.0~1.3 倍取值。取值时,应考虑施工部位、荷载性质、模板新旧程度。

1. 常用木材的允许应力

在计算木模板及支架,普通木结构用木材,其树种的强度等级应按表 1-6 中采用,在正常情况下,木材的强度设计值及弹性模量,应按表 1-6 采用;在不同的使用条件下,木材的强度设计值和弹性模量尚应乘以表 1-7 规定的调整系数;对于不同的设计使用年限,木材的强度设计值和弹性模量尚应乘以表 1-8 规定的调整系数。对尚未列入表 1-6 的进口木材,由出口国提供该木材的物理力学指标及主要材性,由《木结构设计规范》(GB 50005—2003)管理机构按规定的程序确定其等级。

下列情况,对于表 1-6 中的设计指标,尚应按下列规定进行调整:

(1) 当采用原木时,若验算部位未经切削,其顺纹抗压、抗弯强度设计值和弹性模量可提高 15%;

(2) 当构件矩形截面的短边尺寸不小于 150mm 时,其强度设计值可提高 10%;

(3) 当采用湿材时,各种木材的横纹承压强度设计值和弹性模量以及落叶松木材的抗弯强度设计值宜降低 10%。

表 1-6

木材的强度设计值和弹性模量

（单位：N/mm²）

	树种名称	强度等级	组别	抗弯 f_m	顺纹抗压及承压 f_c	顺纹抗拉 f_t	顺纹抗剪 f_v	横纹承压 $f_{c,90}$ 全表面	局部表面和齿面	拉力螺栓垫板下	弹性模量 E
针叶树种	柏木、长叶松、湿地松、粗皮落叶松	TC17	A	17	16	10	1.7	2.3	3.5	4.6	10000
	东北落叶松、欧洲赤松、欧洲落叶松		B		15	9.5	1.6				
	铁杉、油杉、太平洋海岸黄柏、花旗松、落叶松、西部铁杉、南方松	TC15	A	15	13	9.0	1.6	2.1	3.1	4.2	10000
	鱼鳞云杉、西南云杉、南亚松		B		12	9.0	1.5				
	油松、新疆落叶松、云南松、马尾松、扭叶松、北美落叶松、海岸松	TC13	A	13	12	8.5	1.5	1.9	2.9	3.8	10000
	红皮云杉、丽江云杉、樟子松、红松、西加云杉、俄罗斯红松、欧洲云杉、北美山地云杉、北美短叶松		B		10	8.0	1.4				9000
	西北云杉、新疆云杉、北美黄松、西南云杉、铁冷杉、东部铁杉、杉木	TC11	A	11	10	7.5	1.4	1.8	2.7	3.6	9000
	冷杉、速生杉木、速生马尾松、兰辐射松		B		10	7.0	1.2				

续表

树种名称		强度等级	组别	抗弯 f_m	顺纹抗压及承压 f_c	顺纹抗拉 f_t	顺纹抗剪 f_v	横纹承压 $f_{c,90}$			弹性模量 E
								全表面	局部表面和齿面	拉力螺栓垫板下	
阔叶树种	青冈、楣木、门格里斯木、卡普木、沉水稍克隆、绿心木、紫心木、孪叶豆、塔特布木	TB20	—	20	18	12	2.8	4.2	6.3	8.4	12000
	桢木、达荷玛木、萨佩莱木、苦油树、毛罗藤黄	TB17	—	17	16	11	2.4	3.8	5.7	7.6	11000
	锥栗(楮木)、桦木、黄梅兰蒂、梅萨、水曲柳、红劳罗木	TB15	—	15	14	10	2.0	3.1	4.7	6.2	10000
	深红梅兰蒂、浅红梅兰蒂、白梅兰蒂、巴西红厚壳木	TB13	—	13	12	9.0	1.4	2.4	3.6	4.8	8000
	大叶椴、小叶椴	TB11	—	11	10	8.0	1.3	2.1	3.2	4.1	7000

注：计算构件端部(如接头处)的拉力螺栓垫板时，木材横纹承压强度设计值应按"局部表面和齿面"一栏的数值采用。

表 1-7   不同使用条件下木材强度设计值
和弹性模量的调整系数

使用条件	调整系数	
	强度设计值	弹性模量
露天环境	0.9	0.85
长期生产性高温环境,木材表面温度达 40～50℃	0.8	0.8
按恒荷载验算时	0.8	0.8
用于木构筑物时	0.9	1.0
施工和维修时的短暂情况	1.2	1.0

注:1. 当仅有恒荷载或恒荷载产生的内力超过全部荷载所产生的内力的 80%时,应单独以恒荷载进行验算;

2. 当若干条件同时出现时,表列各系数应连乘。

表 1-8   不同设计使用年限时木材强度设计值
和弹性模量的调整系数

设计使用年限	调整系数	
	强度设计值	弹性模量
5 年	1.1	1.1
25 年	1.05	1.05
50 年	1.0	1.0
100 年及以上	0.9	0.9

2. 常用钢材的允许应力

钢材的强度设计值,应根据钢材厚度或直径按表 1-9 采用。钢材的物理性能指标应按表 1-10 采用。

二、模板刚度验算

刚度验算是验算构件在恒荷载作用下是否产生过大的变形,变形程度可用构件的最大挠度表示,构件在荷载作用下的最大挠度应小于允许挠度值。

(1)《混凝土结构工程施工规范》(GB 50666—2011)和《水工混凝土施工规范》(SL 677—2014)中均规定,验算模板刚度时,模板及支架的变形限值应符合下列规定:

表 1-9   钢材的强度设计值   （单位：N/mm²）

钢材		抗拉、抗压和抗弯 f	抗剪 f_v	端面承压（刨平顶紧）f_{ce}
牌号	厚度或直径/mm			
Q235 钢	≤16	215	125	325
	>16～40	205	120	
	>40～60	200	115	
	>60～100	190	110	
Q345 钢	≤16	310	180	400
	>16～35	295	170	
	>35～50	265	155	
	>50～100	250	145	
Q390 钢	≤16	350	205	415
	>16～35	335	190	
	>35～50	315	180	
	>50～100	295	170	
Q420 钢	≤16	380	220	440
	>16～35	360	210	
	>35～50	340	195	
	>50～100	325	185	

注：附表中厚度系指计算点的钢材厚度，对轴心受拉和轴心受压构件系指截面中较厚板件的厚度。

表 1-10   钢材的物理性能指标

弹性模量 E /(N/mm²)	剪变模量 G /(N/mm²)	线胀系数 α /(1/℃)	质量密度 ρ /(kg/m³)
206×10^3	79×10^3	12×10^{-6}	7850

① 对结构表面外露的模板，挠度不得大于模板构件计算跨度的 1/400；

② 对结构表面隐蔽的模板，挠度不得大于模板构件计算跨度的 1/250；

③ 支架的轴向压缩变形值或侧向弹性挠度值不得大于计算高度或计算跨度的 1/1000。

(2)《组合钢模板技术规范》(GB/T 50214—2013)中规定,组成模板结构的钢模板、钢楞和支柱应采用组合荷载验算其刚度,其容许挠度应符合表 1-11 的规定。

表 1-11　　　　　　钢模板及配件的容许挠度　　　(单位：mm)

部件名称	容许挠度
钢模板的面板	1.50
单块钢模板	1.50
钢楞	$l/500$
柱箍	$b/500$
桁架	$l/1000$

注：l 为计算跨度，b 为柱宽。

(3)《水工建筑物滑动模板施工技术规范》(SL 32—2014)和《水工建筑物滑动模板施工技术规范》(DL/T 5400—2016)中均规定：

① 在设计荷载作用下,滑动模板的变形量不宜大于 2mm；

② 在设计荷载作用下,围圈的变形量不应大于计算跨度的 1/1000；《滑动模板工程技术规范》(GB 50113—2005)中规定：在使用荷载作用下,两个提升架之间围圈的垂直与水平方向的变形不应大于跨度的 1/500；

③ 在设计荷载作用下,收分装置或提升架立柱的最大变形量不应大于 2mm；

④ 主梁宜按静定结构设计,梁的最大变形量不应大于计算跨度的 1/500；

⑤ 溢流面滑动模板模体主梁的最大变形量,应小于 1/800 计算跨度；面板滑动模板模体主梁的最大变形量,应小于 1/500 计算跨度；面板最大变形量应小于 2mm；

⑥ 设计轨道时,在设计荷载作用下,支点间轨道的变形量应不大于 2mm；

⑦ 斜井模板檩条的允许变形量宜不大于檩条设计跨度

的 1/1000,支撑桁架节点变形应小于 3mm。

三、模板稳定性校核

承重模板及支架结构,应校核抗倾稳定性。《水工混凝土施工规范》(SL 677—2014)中规定,验算承重模板的抗倾覆稳定性,应按下列要求核算:

(1)倾覆力矩,应采用下列三项中的最大值:

① 风荷载,按现行《建筑结构荷载规范》(GB 50009—2012)确定。

② 实际可能发生的最大水平作用力。

③ 作用于承重模板边缘 1500N/m 的水平力引起的倾覆力矩。

(2)稳定力矩:模板自重折减系数为 0.8;如同时安装钢筋,应包括钢筋的重量。活荷载按其对抗倾覆稳定最不利的分布计算。

(3)均应满足抗倾覆稳定系数大于 1.4 的要求。抗倾覆稳定系数=稳定力矩/倾覆力矩。

《水工混凝土施工规范》(SL 677—2014)中还规定:除悬臂模板外,竖向模板与内倾模板应设置撑杆或拉杆,以保证模板的稳定性;梁跨大于 4m 时,设计应规定承重模板的预拱值;多层结构物上层结构的模板支承在下层结构上时,应验算下层结构的实际强度和承载能力;模板锚固件应避开结构受力钢筋,模板附件的安全系数,应按表 1-12 采用。

表 1-12   **模板附件的最小安全系数**

附件名称	结构形式	安全系数
模板拉杆及锚固头	所有使用的模板	2.0
模板锚固件	仅支承模板重量和混凝土压力的模板	2.0
	支承模板和混凝土重量、施工活荷载和冲击荷载的模板	3.0
模板吊耳	所有使用的模板	4.0

第三节 模板配板设计及支模设计

一、模板配板设计

1. 模板的配板设计应遵守的规定

(1) 要保证构件的形状尺寸及相互位置的正确。

(2) 要使模板具有足够的强度、刚度和稳定性,能够承受新浇混凝土的重量和侧压力,以及各种施工荷载。

(3) 力求构造简单,装拆方便,不妨碍钢筋绑扎,保证混凝土浇筑时不漏浆。柱、梁墙、板的各种模板面的交接部分,应采用连接简便、结构牢固的专用模板。

(4) 配制的模板,应优先选用通用、大块模板,使其种类和块数最小,木模镶拼量最少。设置对拉螺栓的模板,为了减少钢模板的钻孔损耗,可在螺栓部位用 100mm 宽钢模。

(5) 相邻钢模板的边肋,都应用 U 形卡插卡牢固,U 形卡的间距不应大于 300mm,端头接缝上的卡孔,也应插上 U 形卡或 L 形插销。

(6) 模板长向拼接宜采用错开布置,以增加模板的整体刚度。

(7) 模板的配板设计应绘制配板图,标出钢模板的位置、规格型号和数量。预组装大模板,应标绘出其分界线。预埋件和预留孔洞的位置,应在配板图上标明,并注明固定方法。

2. 配板步骤

(1) 根据施工组织设计对施工区段的划分、施工工期和流水段的安排,首先明确需要配制模板的层段数量。

(2) 根据工程情况和现场施工条件,决定模板的组装方法。

(3) 根据已确定配模的层段数量,按照施工图纸中梁、柱、墙、板等构件尺寸,进行模板组配设计。

(4) 明确支撑系统的布置、连接和固定方法。

(5) 进行夹箍和支撑件等的设计计算和选配工作。

(6) 确定预埋件的固定方法、管线埋设方法以及特殊部位(如预留孔洞等)的处理方法。

（7）根据所需钢模板、连接件、支撑及架设工具等列出统计表，以便备料。

3. 模板用量的计算

在现浇混凝土和钢筋混凝土结构施工中，为了进行施工准备和实际支模，常需估量模板的需用量和耗费，即计算每立方米混凝土结构的展开面积用量，再乘以混凝土总量，即可得模板需用总量。一般每 $1m^3$ 混凝土结构的展开面积模板用量 $U(m^2)$ 的基本表达式为

$$U = \frac{A}{V} \tag{1-7}$$

式中：A——模板的展开面积，m^2；

V——混凝土的体积，m^3。

（1）各种截面柱模板用量。

1）正方形截面柱。其边长为 $a \times a$ 时，每立方米混凝土模板用量 $U_1(m^2)$ 按下式计算：

$$U_1 = \frac{4}{a} \tag{1-8}$$

2）圆形截面柱。其直径为 d 时，每立方米混凝土模板用量 $U_2(m^2)$ 按下式计算：

$$U_2 = \frac{4}{d} \tag{1-9}$$

表 1-13 为正方形或圆形截面柱，边长 a（或 d）由 $0.3\sim2.0m$ 时的 U 值。

3）矩形截面柱。其边长为 $a \times b$ 时，每立方米混凝土模板用量 $U_3(m^2)$ 按下式计算：

$$U_3 = \frac{2(a+b)}{ab} \tag{1-10}$$

表 1-14 为各种尺寸矩形截面柱 U 值。

表 1-13　　　正方形或回形截面柱的模板用量 U 值

柱模截面尺寸 $a \times a / m^2$	模板用量 $U = \dfrac{4}{a} / m^2$	柱模截面尺寸 $a \times a / m^2$	模板用量 $U = \dfrac{4}{u} / m^2$
0.3×0.3	13.33	0.9×0.9	4.44
0.4×0.4	10.00	1.0×1.0	4.00
0.5×0.5	8.00	1.1×1.1	3.64
0.6×0.6	6.67	1.3×1.3	3.08
0.7×0.7	5.71	1.5×1.5	2.67
0.8×0.8	5.00	2.0×2.0	2.00

表 1-14　　　　　矩形截面柱的模板用量 U 值

柱模截面尺寸 $a \times b / m^2$	模板用量 $U = \dfrac{2(a+b)}{ab} / m^2$	柱模截面尺寸 $a \times b / m^2$	模板用量 $U = \dfrac{2(a+b)}{ab} / m^2$
0.4×0.3	11.67	0.8×0.6	5.83
0.5×0.3	10.67	0.9×0.45	6.67
0.6×0.3	10.00	0.9×0.60	6.56
0.7×0.35	8.57	1.0×0.50	6.00
0.8×0.40	7.50	1.0×0.70	4.86

（2）主梁和次梁模板用量。

钢筋混凝土主梁和次梁，每立方米混凝土的模板用量 U_4（m^2）按下式计算：

$$U_4 = \frac{2h+b}{bh} \qquad (1-11)$$

式中：b——主梁或次梁的宽度，m；

$\quad\quad h$——主梁或次梁的高度，m。

表 1-15 为常用矩形截面主梁及次梁的 U 值。

（3）楼板模板用量。

钢筋混凝土楼板，每立方米混凝土模板用量 U_5（m^2）按下式计算：

$$U_5 = \frac{1}{d_1} \qquad\qquad (1\text{-}12)$$

式中：d_1——楼板的厚度，m。

肋形楼板的厚度，一般由 $0.06\sim0.14$m；无梁楼板的厚度，由 $0.17\sim0.22$m，其每立方米混凝土模板用量 U_5 见表 1-16。

表 1-15　　矩形截面主梁及次梁之模板用量 U 值

梁截面尺寸 $h\times b/\text{m}^2$	模板用量 $U=\dfrac{2h+b}{bh}/\text{m}^2$	梁截面尺寸 $h\times b/\text{m}^2$	模板用量 $U=\dfrac{2h+b}{bh}/\text{m}^2$
0.30×0.20	13.33	0.80×0.40	6.25
0.40×0.20	12.50	1.00×0.50	5.00
0.50×0.25	10.00	1.20×0.60	4.17
0.60×0.30	8.33	1.40×0.70	3.57

表 1-16　　肋形楼板和无梁楼板的模板用量 U 值

板厚/m	模板用量 $U=\dfrac{1}{d_1}/\text{m}^2$	板厚/m	模板用量 $U=\dfrac{1}{d_1}/\text{m}^2$
0.06	16.67	0.14	7.14
0.08	12.50	0.17	5.88
0.10	10.00	0.19	5.26
0.12	8.33	0.22	4.55

(4) 墙模板用量。

混凝土和钢筋混凝土墙，每立方米模板用量 U_6（m^2）按下式计算：

$$U_6 = \frac{2}{d_2} \qquad\qquad (1\text{-}13)$$

式中：d_2——墙的厚度，m。

常用的墙厚与相应的模板用量 U_6 值见表 1-17。

表 1-17 墙模板用量 U 值

墙厚/m	模板用量 $\left(U=\dfrac{2}{d_2}\right)$/m²	墙厚/m	模板用量 $\left(U=\dfrac{2}{d_2}\right)$/m²
0.06	33.33	0.18	11.11
0.08	25.00	0.20	10.00
0.10	20.00	0.25	8.00
0.12	16.67	0.30	6.67
0.14	14.29	0.35	5.71
0.16	12.50	0.40	5.00

二、支模设计

模板支撑系统的设计,应遵守以下规定:

(1)模板的支承系统应根据模板的荷载和部件的刚度进行布置。内钢楞的配置方向应与钢模板的长度方向相垂直,直接承受钢模板传递的荷载,其间距应按荷载数值和钢模板的力学性能计算确定。外钢楞承受内钢楞传递的荷载,用以加强钢模板结构的整体刚度和调整平直度。

(2)内钢楞悬挑部分的端部挠度应与跨中挠度大致相等,悬挑长度不宜大于 400mm,支柱应着力在外钢楞上。

(3)对于一般柱、梁模板,宜采用柱箍和梁卡具作支承件;对于断面较大的柱、梁、剪力墙,宜用对拉螺栓和钢楞。

(4)模板端缝齐平布置时,一般每块钢模板应有两个支承点,错开布置时,其间距可不受端缝位置的限制。

(5)对于在同一工程中可多次使用的预组装模板,宜采用钢模板和支承系统连成整体的模架。整体模架可随结构部位及施工方式而采取不同的构造型式。

(6)支承系统应经过设计计算,保证具有足够的强度和稳定性。当支柱或其节间的长细比大于 110 时,应按临界荷载进行核算,安全系数可取 3~3.5。

(7)支承系统中,对连续形式和排架型式的支柱应适当配置水平撑与剪刀撑,保证其稳定性。

(8)支承系统采用扣件式支架或碗扣式支架搭设时应

满足下列要求：

1）支承系统支于地面时，应在混凝土地面上支立杆，支承面的处理应符合相关规定；支承系统支于楼面时应根据支承系统下传的实际荷载对楼面结构进行验算，拟确定需要支顶的层数，否则至少应支顶1层。其可调底座螺杆伸出长度不宜大于 300mm，其可调顶托螺杆伸出长度不宜大于 200mm。

2）距离楼面（地面）200mm 设置纵横双向水平扫地杆，扫地杆位置应有水平剪刀撑；立杆下端应设置垫木或底座。

3）竖直方向沿纵向全高，距离从两端开始每隔4排立杆（一般模板不宜大于 4.5m、高大模板不宜大于4m）设一道竖直剪刀撑；竖直方向沿横向全高，距离从两端开始每隔4排（一般模板不宜大于 4.5m、高大模板不宜大于4m）立杆设一道竖直剪刀撑。

4）水平方向沿全平面每隔2步且不高于 4.5m 设一道水平剪刀撑。

（9）支承系统上部应设有足够的外连装置，可采用钢管抱箍有一定强度的混凝土柱、剪力墙后与支承架体有效连接，充分利用竖向混凝土结构约束其上部变形。

（10）高处安装模板时，支承系统应附设作业平台或安全通道，其活荷载可取 $3kN/m^2$ 进行复核计算，周边封闭栏杆高度不宜小于 1.2m。

第二章

模 板 支 撑 体 系

第一节　模板支撑脚手架的分类和基本要求

特别提示

　　★模板支架必须设置纵、横向扫地杆。纵向扫地杆应采用直角扣件固定在距底座上皮不大于200mm处的立杆上，横向扫地杆亦应采用直角扣件固定在紧靠纵向扫地杆下方的立杆上。当立杆基础不在同一高度上时，必须将高处的纵向扫地杆向低处延长两跨与立杆固定，高低差不应大于1m。靠边坡上方的立杆轴线到边坡的距离不应小于500mm。

一、模板支撑脚手架的分类

　　用脚手架材料可以搭设各类模板支撑架，包括梁模、板模、梁板模和箱基模等，并大量用于梁板模板的支架中。在板模和梁板模支架中，支撑高度大于4m者，称为高支撑架，有早拆要求及其装置者，称为早撑模板体系支撑架。

　　扣件式、碗扣式和门式钢管脚手架材料均可用于构造模板支撑架，并各具特点。按其构造情况可作以下分类：

　　1. 按构造类型划分

　　（1）支柱式支撑架（支柱承载的构架）；

　　（2）片（排架）式支撑架（由一排有水平拉杆联结的支柱形成的构架）；

　　（3）双排支撑架（两排立杆形成的支撑架）；

　　（4）空间框架式支撑架（多排或满堂设置的空间构架）。

2. 按杆系结构体系划分

(1) 几何不可变杆系结构支撑架(杆件长细比符合桁架规定、竖平面斜杆设置不小于均占两个方向构架框格的 1/2 的构架);

(2) 非几何不可变杆系结构支撑架(符合脚手架构架规定,但有竖平面斜杆设置的框格低于其总数 1/2 的构架)。

3. 按支柱类型划分

(1) 单立杆支撑架;

(2) 双立杆支撑架;

(3) 格构柱群支撑架(由格构柱群体形成的支撑架);

(4) 混合支柱支撑架(混用单立杆、双立杆、格构柱的支撑架)。

4. 按水平构架情况划分

(1) 水平构造层不设或少量设置斜杆或剪力撑的支撑架;

(2) 有 1 或数道水平加强层设置的支撑架,又可分为:

1) 板式水平加强层(每道仅为单层设置,斜杆设置≥1/3 水平框格);

2) 桁架式水平加强层(每道为双层,并有竖向斜杆设置)。

此外,单双排支撑架还有设附墙拉结(或斜撑)与不设之分,后者的支撑高度不宜大于 4m。支撑架的所受荷载一般为竖向荷载,但箱基模板(墙板模板)支撑架则同时受竖向和水平荷载作用。

二、模板支撑脚手架的基本要求

1. 设置要求

支撑架的设置应满足可靠承受模板荷载、确保沉降、变形、位移均符合规定、绝对避免出现坍塌和垮架的要求,并应特别注意确保以下三点:

(1) 承力点应设在支柱或靠近支柱处,避免水平杆跨中受力;

(2) 充分考虑施工中可能出现的最大荷载作用,并确保

其仍有 2 倍的安全系数;

(3) 支柱的基底绝对可靠,不得发生严重沉降变形。

2. 构造的一般要求

(1) 梁模板支撑架的构造型式。

梁模板支撑架的常见构造形式有以下 5 种(图 2-1):

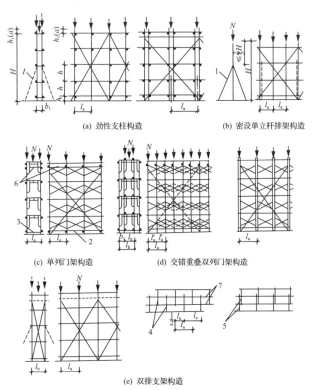

(a) 劲性支柱构造   (b) 密设单立杆排架构造

(c) 单列门架构造   (d) 交错重叠双列门架构造

(e) 双排支架构造

图 2-1 梁模板支撑架构造形式

1—侧向支撑;2—扫地杆;3—封口杆;4—交错间隔布置门架;
5—交错重叠布置门架;6—门架上部加强杆;7—门架顶面加强杆

1) 由劲性支柱(如 4 根立杆的"格构柱"、双立杆的"梯形柱"和"粗管柱"等)加多层水平拉杆和剪力撑构成的"支柱式结构",其支撑(架)高度超过 4m 时,应视需要加设侧向(出平

面)斜撑(即"抛撑");

2)由密设(取较小的立杆纵距)的单立杆与水平杆、斜杆或剪刀撑构成的单排(片式)构架,支架高度不宜超过 4m,并视需要设置侧向斜撑;

3)由单列多层门架与相应的水平架、交叉支撑、纵向扫地杆、封口杆(设于首层门架底部的横向扫地杆)和纵向水平加强杆构成的单列门式支撑架,其构造相近于双排立杆支架。在需要时加设外侧长剪刀撑;

4)由相互交错或交错重叠布置的双列多层门架与相应交叉拉杆和以扣件连接的纵向水平杆、扫地杆、封口杆组成的双列重叠门式支撑架,其构造相近于四排立杆支架。在需要时加设外侧长剪刀撑;

5)采用单立杆或双立杆的双排模板支架。

图 2-1 中(c)～(e)三种形式支架的高度一般不宜大于 10m,否则应考虑采取扩座(即加宽底部构造,以加强其整体稳定性)措施。当支架边侧有相距较近(例如≤2m)的墙体结构可供设置附墙拉结时,支架高度可以超过 10m。

(2)梁板模板支撑架的构造形式。

梁板模板支撑架是梁模板支撑架和(楼)板模板支撑架的组合,构成整体空间框架(图 2-2)。当楼板梁(框架梁、肋梁、井字梁)的截面和梁间距较大时,需要梁下支撑立杆的间距显著小于板下支撑立杆的间距,即需要采用支架立杆的变距布置;当楼板梁的截面和梁间距较小时,则常可采用支架立杆的等距布置。而采用等距布置,但即使不同的立杆(单立杆、双立杆、组合立杆)时,也能适应梁和板的荷载相差较大的情况。

高度≤4m 者,称为"普通梁板模板支撑架",高度＞4m 者,称为"梁板模板高支撑架",高支撑架需要相应缩小构架的柱距(立杆纵距、横距)、步距(水平杆竖向间距)和增加斜杆、剪刀撑的设置,当高度超过 10m 时,还应视需要设置一到数层水平加强层构造。

梁板模板支撑架,采用整体空间框架结构时的构造型

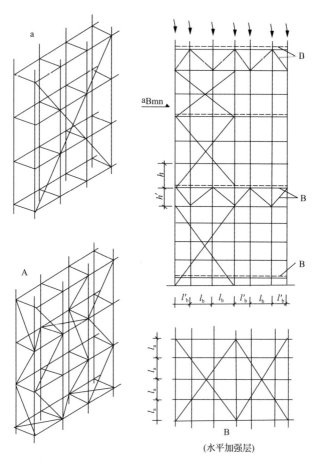

(水平加强层)

图 2-2　梁板模板支撑架构造形式

A—几何不可变杆系结构；a—非几何不可变杆系结构；B—有水平加强层；

m—变杆距；n—变步距

式，按 4 种构架因素组合，其中前 8 种如表 2-1 所示。

（3）梁模板、梁板模板支撑架构造的一般要求。

梁和梁板模板支撑架的构造参数需经验算确定，其初选参数应符合表 2-2 和表 2-3 的构造要求。

表 2-1　　空间框架结构支架的构造因素和构造型式

支架构造因素	代号	支架构造型式	
1. 几何不可变杆系结构	A	①ABMN；	⑧abmn；
2. 非几何不可变杆系结构	a	②ABMn；	⑨abmN；
3. 有水平加强构造层	B	③ABmn；	⑩abMN；
4. 无水平加强构造层	b	④Abmn；	⑪BMN；
5. 立杆等距(双向或单向)	M	⑤AbMN；	⑫aBMn；
6. 立杆不等距(双向或单向)	m		⑬aBmn；
7. 水平杆等步距(各层)	N	⑥BAbmN；	
8. 水平杆变步距(各层)	n	⑦AbMn；	

表 2-2　　梁模板支撑架构造的一般要求

构造形式	构造的一般要求
劲性支柱构造	① 劲性支柱(双立杆或格构柱)的宽度 b_1 宜≤梁宽 b+300mm； ② 劲性支柱的纵距 l_a 和水平杆的步距 h 宜不大于 1.2m(双立杆)或 1.5m(格构柱)； ③ 扫地杆距楼地面的高度 h_0 宜≤300mm； ④ 直接承受荷载的立杆及其顶托(座)伸出顶水平杆之上的自由高度(至托座板面)h_1 宜≤400mm； ⑤ 剪刀撑应满高设置，视需要设置顶部第 2 道水平杆； ⑥ 支架高度不宜>6m。当架高 H≥4m 时，应设置侧向斜撑； ⑦ 所有杆件(立杆、水平杆、斜杆)之间相接处均应用扣件连接紧固(拧紧扭力矩为 40~60N·m)
密设单立杆排架	⑧ 立杆不宜采用壁厚<3.5mm 的薄壁钢管； ⑨ 支架高度应≤4m； ⑩ 必须设置侧向斜撑，斜角 α=45°~60°，支点高度应位于>3/5H 处； ⑪ 立杆间距≤1.0m； ⑫ 水平杆步距宜≤1.0m； ⑬ 剪刀撑满高设置。其他同③④⑦
单列门架构造	⑭ 梁模板荷载宜直接作用于门架立杆上或立杆与加强杆之间。当梁模板荷载居于门架中部时，应采用增设门架上部加强杆或托梁件(将跨中荷载传于立杆上)，严禁门架单侧支柱受力；

构造形式	构造的一般要求
单列门架构造	⑮ 除两侧均交叉支撑和每层满设水平杆外，首层门架设扫地杆（纵向）和封口杆（横向），各层门架立杆对接处均设水平加强杆； ⑯ 在顶层门架上部加设一道双向水平加强杆（类似扫地杆和封口杆）； ⑰ 外侧满设剪刀撑
交错重叠双列门架构造	⑱ 两门架横向交错（使梁的荷载落于双列门架所形成的内立杆之间）和纵向间距（相邻门架间距为 $0.5l_a$）或重叠（门架排距为 l_a）； ⑲ 交叉支撑满设； ⑳ 水平加强杆设于门架两边侧立杆和中部门架横梁之上； ㉑ 剪刀撑视需要设置
单（双）立杆双排支架	㉒ 立杆横距 $l_b \leqslant 11.0\text{m}$； ㉓ 立杆纵距 $l_a \leqslant 1.5\text{m}$； ㉔ 支架高度不宜 $>8\text{m}$，当架高 $\geqslant 6\text{m}$ 时，应设侧向斜撑。其他同③④⑤⑦

表 2-3　　　梁板模板支撑架构造的一般要求

序次	构造要求事项	几何不可变杆系结构		非几何不可变杆系结构	
		支架高度			
		$\leqslant 4\text{m}$	$>4\text{m}$	$\leqslant 4\text{m}$	$>4\text{m}$
1	设斜杆（含剪刀撑）的框格占构架框格总数的比例	$\geqslant 1/2$		$<1/2$	
2	扫地杆	双向满设		双向满设	
3	立杆间距 l_a、l_b	$\leqslant 1.5\text{m}$	$\leqslant 1.2\text{m}$	$\leqslant 1.2\text{m}$	$\leqslant 1.0\text{m}$
4	水平杆步距 h	$\leqslant 1.5\text{m}$	$\leqslant 1.2\text{m}$	$\leqslant 1.2\text{m}$	$\leqslant 1.0\text{m}$
5	水平加强层设置	不设	顶部、底部和变步距处等	不设	顶部、底部和变步距处等
6	水平加强层间距	—	$6\sim8\text{m}$	—	$6\sim8\text{m}$

注：1. 水平加强层的作用是加强支架整体刚度和分布不均匀的集中荷载，其下的竖向斜杆一般只设于周边；

2. 非几何不可变杆系结构的剪刀撑和斜杆设置不低于相应脚手架的构造规定；

3. 依承载需要和计算结果决定是否采用变杆距和变步距。

第二节 扣件式钢管脚手架的基本构造与主要杆件

一、基本构造

扣件式脚手架是由标准的钢管杆件（立杆、横杆、斜杆）和特制扣件组成的脚手架骨架与脚手板、防护构件、连墙件等组成的，是目前最常用的一种脚手架。

1. 钢管杆件

脚手架钢管应采用现行国家标准《直缝电焊钢管》（GB/T 13793—2016）或《低压流体输送用焊接钢管》（GB/T 3091—2015）中规定的 Q235 普通钢管，钢管的钢材质量应符合现行国家标准《碳素结构钢》（GB/T 700—2006）中 Q235 级钢的规定，脚手架钢管宜采用 $\phi 48.3 \times 3.6$ 钢管。每根钢管的最大质量不应大于 25kg。

2. 扣件

扣件用可锻铸铁铸造或用钢板压成，其基本形式有三种（见图 2-3）：供两根成任意角度相交钢管连接用的回转扣件；供两根成垂直相交钢管连接用的直角扣件；供两根对接钢管连接用的对接扣件。扣件质量应符合有关的规定，当扣件螺栓拧紧扭力矩达 65N·m 时扣件不得发生破坏。

(a) 回转扣件　　　　(b) 直角扣件　　　　(c) 对接扣件

图 2-3　扣件形式

3. 脚手板

脚手板可采用钢、木、竹材料制作，单块脚手板的质量不宜大于30kg。冲压钢脚手板的材质应符号现行国家标准《碳素结构钢》(GB/T 700—2006)中Q235级钢的规定。木脚手板材质应符合现行国家标准《木结构设计规范》(GB 50005—2003)中Ⅱa级材质的规定。脚手板厚度不应小于50mm,两端宜各设直径不小于4mm的镀锌钢丝箍两道。竹脚手板宜采用由毛竹或楠竹制作的竹串片板、竹笆板;竹串片脚手板应符合现行行业标准《建筑施工木脚手架安全技术规范》(JGJ 164—2008)的相关规定。

4. 连墙件

连墙件将立杆与主体结构连接在一起,可用钢管、型钢或粗钢筋等。每个连墙件的覆盖面积应小于40m²。当脚手架高度大于50m时,应小于27m²,连墙件需从底部第一根纵向水平杆处开始设置,连墙件与结构的连接应牢固,通常采用预埋件连接。连墙件是十分重要的连接件,《建筑施工扣件式钢管脚手架安全技术规范》(JGJ 130—2011)对其布置和构造都作了严格的规定。

5. 底座

底座一般采用厚8mm、边长150～200mm的钢板作底板,上焊高150mm的钢管。底座形式有内插和外套式两种,内插式的外径D_1比立杆内径小2mm,外套式的内径D_2比立杆外径大2mm(见图2-4)。

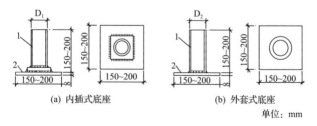

(a) 内插式底座　　　　　(b) 外套式底座

单位: mm

图 2-4　扣件钢管架底座

1—承插钢管;2—钢板底座

二、主要杆件

(1)立杆(也称立柱、站杆等)与地面垂直,是脚手架主要受力杆件。其作用是将脚手架上所堆放的物件和操作人员的全部荷载,通过底座(或垫座)传到地基上。

(2)大横杆(也称顺水杆、纵向水平杆等)与墙面平行,其作用是与立杆连成整体,将脚手架上的堆放物料和操作人员的荷载传到立杆上。当采用竹脚手片时,则大横杆不传递荷载,仅作纵向连系杆件。

(3)小横杆(也称横楞、横向水平杆等)与墙面垂直,作用是直接承受脚手板上的荷载,并将其传到大横杆上。当采用竹脚手片,则通过小横杆把荷载传到立杆上。

(4)斜撑是紧贴脚手架外排立杆,与立杆斜交并与地面约成 45°~60°角,上下连续设置,形成"之"字形,主要在脚手架拐角处设置,作用是防止架子沿纵长方向倾斜。

(5)剪刀撑(也称十字撑、十字盖)是在脚手架外侧交叉成十字形的双支斜杆。双杆互相交叉,并都与地面成 45°~60°夹角,作用是把脚手架连成整体,增加脚手架的整体稳定。

(6)抛撑(支撑、压栏子)是设置在脚手架周围的支撑架子的斜杆。一般与地面成 60°夹角,作用是增加脚手架横向稳定,防止脚手架向外倾斜或倾倒。

(7)连墙杆是沿立杆的竖向不大于层高且不应大于 4m,水平方向不大于 $3L(L$ 为立杆纵距)设置的、能承受拉和压且与主体结构相连的水平杆件,其作用主要是承受脚手架的全部风荷载和脚手架里外排立杆不均匀下沉所产生的荷载。

(8)扫地杆是在脚手架底部纵、横向设置并与立杆相连接,主要是增强架子的整体刚度。

第三节　模板支架设计计算

一、基本规定

1. 模板支撑架设计的基本要求

(1)设置高度、作业面、防(围)护和跟进施工配合等满足施工作业要求。

（2）具有稳定的构架结构。

（3）具有符合安全保证要求的承载能力，特别是抗失稳能力。

（4）具有应对施工中改动情况（例如变更杆件位置，临时拆除杆件等）的预案弥补措施。

（5）确保装拆和使用安全的技术与管理措施。

2. 模板支撑架设计注意事项

在实现以上设计的基本要求时，应特别注意以下环节：

（1）地基和支承结构的承载能力。

（2）安装偏差。

（3）节点连接的构造和承载能力。

（4）整体性和加强刚度杆构件的设置。

（5）控制荷载和可能出现的不利作用。

（6）监控措施及其落实程度。

（7）脚手架材料和设备的质量。

（8）隐患的检查和整改要求。

3. 模板支撑架设计内容

施工脚手架的设计包含以下内容：

（1）脚手架设置方案的选择，包括：①脚手架的类别；②脚手架构架的形式和尺寸；③相应的设置措施［基础、支承、整体拉结和附墙连接、进出（或上下）措施等］。

（2）承载可靠性的验算，包括：①构架结构验算；②地基、基础和其他支承结构的验算；③专用加工件验算。

（3）安全使用措施，包括：①作业面的防（围）护措施；②整架和作业区域（涉及的空间环境）的防（围）护措施；③进行安全搭设、移动（升降）和拆除的措施；④安全使用措施。

（4）脚手架的施工图。

（5）必要的设计计算资料。

二、扣件式钢管脚手架和模板支架设计计算

扣件式钢管模板脚手架和模板支架我们可以根据《建筑施工扣件式钢管脚手架安全技术规范》（JGJ 130—2011）规定进行设计计算。规范里主要规定了：单、双排脚手架计算、满堂脚手架计算、满堂支撑架计算、脚手架地基承载力计算、型钢悬挑脚手架计算。具体如下：

1. 单、双排脚手架计算

（1）纵向、横向水平杆的抗弯强度应按下式计算：

$$\sigma = M/W \leqslant f \qquad (2\text{-}1)$$

式中：σ——弯曲正应力；

    M——弯矩设计值，N·mm，应按下面第（2）条的规定计算；

    W——截面模量，mm³，应按表 2-4 采用；

    f——钢材的抗弯强度设计值，N/mm²，应按表 2-5 采用。

表 2-4   钢管截面几何特性

外径 Φ,d	壁厚 t	截面积	惯性矩	截面模量	回转半径	每米长质量
mm		A/cm^2	I/cm^4	W/cm^3	i/cm	$/(\text{kg/m})$
48.3	3.6	5.06	12.71	5.26	1.59	3.97

表 2-5   钢材的强度设计值与弹性模量（单位：N/mm²）

Q235 钢抗拉、抗压和抗弯强度设计值 f	205
弹性模量 E	2.06×10^5

（2）纵向、横向水平杆弯矩设计值，应按下式计算：

$$M = 1.2M_{\text{Gk}} + 1.4\Sigma M_{\text{Qk}} \qquad (2\text{-}2)$$

式中：M_{Gk}——脚手板自重产生的弯矩标准值，kN·m；

    M_{Qk}——施工荷载产生的弯矩标准值，kN·m。

（3）纵向、横向水平杆的挠度应符合下式规定：

$$v \leqslant [v] \qquad (2\text{-}3)$$

式中：v——挠度，mm；

    $[v]$——容许挠度，应按表 2-6 采用。

（4）计算纵向、横向水平杆的内力与挠度时，纵向水平杆宜按三跨连续梁计算，计算跨度取纵距 l_a；横向水平杆宜按简支梁计算，计算跨度 l_c 可按图 2-5 采用。

表 2-6   受弯构件的容许挠度

构件类别	容许挠度[v]
脚手板、脚手架纵向、横向水平杆	$l/150$ 与 mm
脚手架悬挑受弯杆件	$l/400$
型负悬挑脚手架悬挑梁	$l/250$

注：l 为受弯构件的跨度。对悬挑杆件为其悬伸长度的 2 倍。

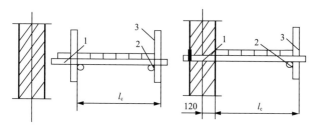

图 2-5   横向水平杆计算跨度

1—横向水平杆；2—纵向水平杆；3—立杆

(5) 纵向或横向水平与立杆连接时，其扣件的抗滑承载力应符合下式规定：

$$R \leqslant R_c \qquad (2-4)$$

式中：R——纵向或横向水平杆传给立杆的竖向作用力设计值；

R_c——扣件抗滑承载力设计值，应按表 2-7 采用。

表 2-7   扣件、底座、可调托撑的承载力设计值（单位：kN）

项目	承载力设计值
对接扣件（抗滑）	3.20
直角扣件、旋转扣件（抗滑）	8.00
底座（受压）、可调托撑（受压）	40.00

(6) 立杆的稳定性应按下列公式计算：

不组合风荷载时：

$$N/\phi A \leqslant f \qquad (2-5)$$

组合风荷载时：

$$N/\phi A + M_\mathrm{w}/W \leqslant f \qquad (2\text{-}6)$$

式中：N——计算立杆的轴向力设计值，N，应按本节式（2-7）、式（2-8）计算；

ϕ——轴心受压构件的稳定系数，应根据长细比 λ 由表 2-8 取值；

λ——长细比，$\lambda = l_0/I$；

l_0——计算长度，mm，应按下面第（8）条的规定计算；

i——截面回转半径，可按表 2-4 采用；

A——立杆截面面积，mm^2，可按表 2-4 采用；

M_w——计算立杆段由风荷载设计值产生的弯矩，N·mm，可按式（2-11）计算；

f——钢材的抗压强度设计值，$\mathrm{N/mm}^2$，应按表 2-4 选用。

表 2-8   轴心受压构件的稳定系数 ϕ（Q23511 钢）

λ	0	1	2	3	4	5	6	7	8	9
0	1.000	0.997	0.995	0.992	0.989	0.987	0.984	0.981	0.979	0.976
10	0.974	0.971	0.968	0.966	0.963	0.960	0.958	0.955	0.952	0.949
20	0.947	0.944	0.941	0.938	0.936	0.933	0.930	0.927	0.924	0.921
30	0.918	0.915	0.912	0.909	0.906	0.903	0.899	0.896	0.893	0.889
40	0.886	0.882	0.879	0.875	0.872	0.868	0.864	0.861	0.858	0.855
50	0.852	0.849	0.846	0.843	0.839	0.836	0.832	0.829	0.825	0.822
60	0.818	0.814	0.810	0.806	0.802	0.797	0.793	0.789	0.784	0.779
70	0.775	0.770	0.765	0.760	0.755	0.750	0.744	0.739	0.733	0.728
80	0.722	0.716	0.710	0.704	0.698	0.692	0.686	0.680	0.673	0.667
90	0.661	0.654	0.648	0.641	0.634	0.626	0.618	0.611	0.603	0.595
100	0.588	0.580	0.573	0.566	0.558	0.551	0.544	0.537	0.530	0.523
110	0.516	0.509	0.502	0.496	0.489	0.483	0.476	0.470	0.464	0.458
120	0.452	0.446	0.440	0.434	0.428	0.423	0.417	0.412	0.406	0.401
130	0.396	0.391	0.386	0.381	0.376	0.371	0.367	0.362	0.357	0.353

λ	0	1	2	3	4	5	6	7	8	9
140	0.349	0.344	0.340	0.336	0.332	0.328	0.324	0.320	0.316	0.312
150	0.308	0.305	0.301	0.298	0.294	0.291	0.287	0.284	0.281	0.277
160	0.274	0.271	0.268	0.265	0.262	0.259	0.256	0.253	0.251	0.248
170	0.245	0.243	0.240	0.237	0.235	0.232	0.230	0.227	0.225	0.223
180	0.220	0.218	0.216	0.214	0.211	0.209	0.207	0.205	0.203	0.201
190	0.199	0.197	0.195	0.193	0.191	0.189	0.188	0.186	0.184	0.182
200	0.180	0.179	0.177	0.175	0.174	0.172	0.171	0.169	0.167	0.166
210	0.164	0.163	0.161	0.160	0.159	0.157	0.156	0.154	0.153	0.152
220	0.150	0.149	0.148	0.146	0.145	0.144	0.143	0.141	0.140	0.139
230	0.138	0.137	0.136	0.135	0.133	0.132	0.131	0.130	0.129	0.128
240	0.127	0.126	0.125	0.124	0.123	0.122	0.121	0.120	0.119	0.118
250	0.117	—	—	—	—	—	—	—	—	—

注：当 $\lambda > 250$ 时，$\phi = 7320/\lambda^2$。

（7）计算立杆段的轴向力设计值 N，应按下列公式计算：

不组合风荷载时：

$$N = 1.2(N_{G1k} + N_{G2k}) + 1.4 \Sigma N_{Qk} \qquad (2-7)$$

组合风荷载时：

$$N = 1.2(N_{G1k} + N_{G2k}) + 0.9 \times 1.4 \Sigma N_{Qk} \qquad (2-8)$$

式中：N_{G1k}——脚手架结构自重产生的轴向力标准值；

N_{G2k}——构配件自重产生的轴向力标准值；

ΣN_{Qk}——施工荷载产生的轴向力标准值总和，内、外立杆各按一纵距内施工荷载总和的 1/2 取值。

（8）立杆计算长度 l_0 应按下式计算：

$$l_0 = k\mu h \qquad (2-9)$$

式中：k——计算长度附加系数，其值取 1.155，当验算立杆允许长细比时，取 $k=1$；

μ——考虑单、双脚手架整体稳定因素的单杆计算长

度系数,应按表 2-9 采用;

　　h——步距。

表 2-9　　　　　单、双排脚手架立杆的计算长度系数 μ

类别	立杆横距	连墙件布置	
		二步三跨	三步三跨
双排架	1.05	1.50	1.70
	1.30	1.55	1.75
	1.55	1.60	1.80
单排架	≤1.50	1.80	2.00

　　(9) 由风荷载产生的立杆段弯矩设计值 M_w,可按下式计算:

$$M_w = 0.9 \times 1.4 M_{wk} = 0.9 \times 1.4 w_k l_a h^2 / 10 \quad (2\text{-}10)$$

式中:M_{wk}——风荷载产生的弯矩标准值,N·mm;

　　　　w_k——风荷载标准值,kN/m²,应按下式计算;

$$w_k = \mu_z \cdot \mu_s \cdot w_0 \quad (2\text{-}11)$$

式中:l_a——立杆纵距,m。

　　(10) 单、双排脚手架立杆稳定性计算部位的确定应符合下列规定:

　　1) 当脚手架搭设尺寸采用相同的步距、立杆纵距、立杆横距和连墙件间距时,应计算底层立杆段;

　　2) 当脚手架的步距、立杆纵距、立杆横距和连墙件间距有变化时,除计算底层立杆段外,还必须对出现最大步距或最大立杆纵距、立杆横距、连墙件间距等部位的立杆段进行验算;

　　(11) 单、双排脚手架的可搭设高度[H]应按下列公式计算,并应取较小值:

　　1) 不组合风荷载时:

$$[H] = \frac{\phi A f - (1.2 N_{G2k} + 1.4 \sum N_{Qk})}{1.2 g_k} \quad (2\text{-}12)$$

2）组合风荷载时：

$$[H] = \frac{\phi A f - \left[1.2 N_{G2k} + 0.9 \times 1.4 \left(\sum N_{Qk} + \frac{M_{wk}}{W} \phi A \right) \right]}{1.2 g_k}$$

$$(2\text{-}13)$$

式中：$[H]$——脚手架允许搭设高度，m；

g_k——立杆承受的每米结构自重标准值，kN/m，可按表 2-10 采用。

表 2-10　　单、双排脚手架立杆承受的每米结构
自重标准值 g_k　　（单位：kN/m）

步距 /m	脚手架 类型	纵距/m				
		1.2	1.5	1.8	2.0	2.1
1.20	单排	0.1642	0.1793	0.1945	0.2046	0.2097
	双排	0.1538	0.1667	0.1796	0.1882	0.1925
1.35	单排	0.1530	0.1670	0.1809	0.1903	0.1949
	双排	0.1426	0.1543	0.1660	0.1739	0.1778
1.50	单排	0.1440	0.1570	0.1701	0.1788	0.1831
	双排	0.1336	0.1444	0.1552	0.1624	0.1660
1.80	单排	0.1305	0.1422	0.1538	0.1615	0.1654
	双排	0.1202	0.1295	0.1389	0.1451	0.1482
2.00	单排	0.1238	0.1347	0.1456	0.1529	0.1565
	双排	0.1134	0.1221	0.1307	0.1365	0.1394

注：$\phi 48.3 \times 3.6$ 钢管，扣件自重按表 2-11 采用，表内中间可按线性插入计算。

表 2-11　　　　　常用构配件与材料、人员自重

名　称	单位	自重	备注
扣件：直角扣件 旋转扣件 对接扣件	N/个	13.2 14.6 18.4	——
人	N	800～850	
灰浆车、砖车	kN/辆	2.04～2.50	——

名　称	单位	自重	备注
普通砖 240mm×115mm×53mm	kN/m³	18～19	684 块/m³,湿
灰砂砖	kN/m³	18	砂:石灰=92:8
瓷面砖 150mm×150mm×8mm	kN/m³	17.8	55556 块/m³
陶瓷锦砖(马赛克)δ=5mm	kN/m³	0.12	—
石灰砂浆、混合砂浆	kN/m³	17	—
水泥砂浆	kN/m³	20	—
素混凝土	kN/m³	22～24	—
加气混凝土	kN/块	5.5～7.5	—
泡沫混凝土	kN/m³	4～6	—

(12) 连墙件杆件的强度及稳定应满足下列公式的要求:

强度:

$$\sigma = \frac{N_l}{A_c} \leqslant 0.85f \tag{2-14}$$

稳定:

$$\frac{N_l}{\phi A} \leqslant 0.85f \tag{2-15}$$

$$N_l = N_{lw} + N_0 \tag{2-16}$$

式中:σ——连墙件应力值,N/mm²;

A_c——连墙件的净截面面积,mm²;

A——连墙件的毛截面面积,mm²;

N_l——连墙件轴向力设计值,N;

N_{lw}——风荷载产生的连墙件轴向力设计值,应按式 (2-17)计算;

N_0——连墙件约束脚手架平面外变形所产生的轴向力。单排架取 2kN,双排架取 3kN。

ϕ——连墙件的稳定系数,应根据连墙件长细比按表 2-8 取值。

f——连墙件钢材的强度设计值,N/mm²,应按本章表

2-5 采用。

(13) 由风荷载产生的连墙件的轴向力设计值,应按下式计算:

$$N_{lW} = 1.4 \cdot W_K \cdot A_w \qquad (2\text{-}17)$$

式中:A_w——单个连墙件所覆盖的脚手架外侧的迎风面积。

(14) 连墙件与脚手架、连墙件与构筑结构连接的承载力应按下式计算:

$$N_i \leqslant N_w \qquad (2\text{-}18)$$

式中:N_w 连墙件与脚手架、连墙件与构筑结构连接的受拉(压)承载力设计值,应根据相应规范规定计算。

(15) 当采用钢管扣件做连墙件时,扣件抗滑承载力的验算,应满足下式要求:

$$N_l \leqslant R_c \qquad (2\text{-}19)$$

式中:R_c——扣件抗滑承载力设计值,一个直角扣件应取 8.0kN。

2. 满堂脚手架计算

(1) 立杆的稳定性应按式(2-5)、式(2-6)计算。由风荷载产生的立杆段弯矩设计值 M_w,可按式(2-10)计算。

(2) 计算立杆段的轴向力设计值 N,应按式(2-7)、式(2-8)计算。施工荷载产生的轴向力标准值 $\sum N_{Qk}$,可按所选取计算部位立杆负荷面积计算。

(3) 立杆稳定性计算部位的确定应符合下列规定:

1) 当满堂脚手架采用相同的步距、立杆纵距、立杆横距时,应计算底层立杆段;

2) 当架体的步距、立杆纵距、立杆横距有变化时,除计算底层立杆段外,还必须对出现最大步距、最大立杆纵距、立杆横距等部位的立杆段进行验算;

3) 当架体上有集中荷载作用时,尚应计算荷载作用范围内受力最大的立杆段。

(4) 满堂脚手架立杆的计算长度应按下式计算:

$$l_0 = k\mu h \qquad (2\text{-}20)$$

式中：k——满堂脚手架立杆计算长度附加系数,应按表 2-12 采用；

h——步距；

μ——考虑满堂脚手架整体稳定因素的单杆计算长度系数,应按表 2-13 采用。

表 2-12 满堂脚手架立杆计算长度附加系数

高度 H/m	$H \leqslant 20$	$20 < H \leqslant 30$	$30 < H \leqslant 36$
k	1.155	1.191	1.204

注：当验算立杆允许长细比时,取 $k=1$。

表 2-13 满堂脚手架立杆计算长度系数 μ

步距 /m	立杆间距/m			
	1.3×1.3	1.2×1.2	1.0×1.0	0.9×0.9
	高宽比不大于 2	高宽比不大于 2	高宽比不大于 2	高宽比不大于 2
	最少跨数 4	最少跨数 4	最少跨数 4	最少跨数 4
1.8		2.176	2.079	2.017
1.5	2.569	2.505	2.377	2.335
1.2	3.011	2.971	2.825	2.758
0.9			3.571	3.482

注：1. 步距两级之间计算长度系数按线性插入值。

2. 立杆间距两级之间,纵向间距与横向间距不同时,计算长度系数按较大间距对应的计算长度系数取值。立杆间距两级之间值,计算长度系数取两级对应的较大 μ 值,要求高宽比相同。

3. 高宽比超过表中规定时,应如下条文执行：满堂脚手架的高宽比不宜大于 3,当高宽比大于 2 时,应在架体的外侧四周和内部水平间隔 6~9m,竖向间隔 4~6m 设置连墙件与建筑结构拉结,当无法设置连墙件时,应采取设置钢丝绳张拉固定等措施。

（5）满堂脚手架纵、横向水平杆计算同单、双排脚手架计算的(1)～(5)规定。

（6）当满堂脚手架立杆间距不大于 1.5m×1.5m,架体四周及中间与构筑物的结构进行刚性连接,并且刚性连接点的水平间距不大于 4.5m,竖向间距不大于 3.6m 时,可参照单、双排脚手架计算(6)～(10)条双排脚手架的规定进行计算。

3. 满堂支撑架计算

(1) 满堂支撑架顶部施工层荷载应通过可调托撑传递给立杆。

(2) 满堂支撑架根据剪刀撑的设置不同分为普通型构造与加强型构造,并应符合下列规定:

1) 普通型

① 在架体外侧周边及内部纵、横向每 5～8m,应由底至顶设置连续竖向剪刀撑,剪刀撑宽度应为 5～8m(见图 2-6)。

② 在竖向剪刀撑顶部交点平面应设置连续水平剪刀撑。当支撑高度超过 8m,或施工总荷载大于 15kN/m²,或集中线荷载大于 20kN/m 的支撑架,扫地杆的设置层应设置水平剪刀撑。水平剪刀撑至架体底平面距离与水平剪刀撑间距不宜超过 8m(见图 2-6)。

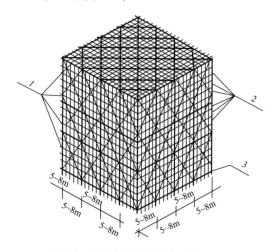

图 2-6 普通型水平、竖向剪刀撑布置图
1—水平剪刀撑;2—竖向剪刀撑;3—扫地杆设置层

2）加强型

①当立杆纵、横间距为 0.9m×0.9m～1.2m×1.2m 时，在架体外侧周边及内部纵、横向每 4 跨（且不大于 5m），应由底至顶设置连续竖向剪刀撑，剪刀撑宽度应为 4 跨。

②当立杆纵、横间距为 0.6m×0.6m～0.9m×0.9m（含 0.6m×0.6m，0.9m×0.9m）时，在架体外侧周边及内部纵、横向每 5 跨（且不小于 3m），应由底至顶设置连续竖向剪刀撑，剪刀撑宽度应为 5 跨。

③当立杆纵、横间距为 0.4m×0.4m～0.6m×0.6m（含 0.4m×0.4m）时，在架体外侧周边及内部纵、横向每 3～3.2m 应由底至顶设置连续竖向剪刀撑，剪刀撑宽度应为 3～3.2m。

④在竖向剪刀撑顶部交点平面应设置水平剪刀撑。扫地杆的设置层水平剪刀撑的设置应符合普通型的相关规定，水平剪刀撑至架体底平面距离与水平剪刀撑间距不宜超过 6m，剪刀撑宽度应为 3～5m（图 2-7）。

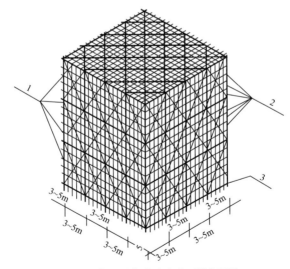

图 2-7　加强型水平、竖向剪刀撑布置图

1—水平剪刀撑；2—竖向剪刀撑；3—扫地杆设置层

两种类型满堂支撑架立杆的计算长度应符合下面(6)条的规定。

(3) 立杆的稳定性应按本章式(2-5)、式(2-6)计算。由风荷载产生的立杆段弯矩 M_w,可按式(2-10)计算。

(4) 计算立杆段的轴向力设计值 N,应按下列公式计算:

不组合风荷载时:

$$N = 1.2 \sum N_{Gk} + 1.4 \sum N_{Qk} \qquad (2-21)$$

组合风荷载时:

$$N = 1.2 \sum N_{Gk} + 0.9 \times 1.4 \sum N_{Qk} \qquad (2-22)$$

式中:$\sum N_{Gk}$ ——永久荷载对立杆产生的轴向力标准值总和,kN;

$\sum N_{Qk}$ ——可变荷载对立杆产生的轴向力标准值总和,kN。

(5) 立杆稳定性计算部位的确定应符合下列规定:

1) 当满堂支撑架采用相同的步距、立杆纵距、立杆横距时,应计算底层与顶层立杆段;

2) 应符合满堂脚手架计算的(3)条的 2)、3)条的规定。

(6) 满堂支撑架立杆的计算长度应按下式计算,取整体稳定计算结果最不利值:

顶部立杆段:

$$l_0 = k\mu_1(h + 2a) \qquad (2-23)$$

非顶部立杆段:

$$l_0 = k\mu_2 h \qquad (2-24)$$

式中:k ——满堂支撑架立杆计算长度附加系数,应按表 2-14 采用;

h ——步距;

a ——立杆伸出顶层水平杆中心线至支撑点的长度;

应不大于 0.5m。当 0.2m<*a*<0.5m 时，承载力可按线性插入值；

μ_1、μ_2——考虑满堂支撑架整体稳定因素的单位计算长度系数，普通型构造应按表 2-15、表 2-17 采用；加强型构造应按表 2-16、表 2-18 采用。

表 2-14   满堂支撑架立杆计算长度附加系数

高度 H/m	$H \leqslant 8$	$8 < H \leqslant 10$	$10 < H \leqslant 20$	$20 < H \leqslant 30$
k	1.155	1.185	1.217	1.291

注：当验算立杆允许长细比时，取 $k=1$。

（7）当满堂支撑架小于 4 跨时，宜设置连墙件将架体与构筑物结构刚性连接。当架体未设置连墙件与构筑物结构刚性连接，立杆计算长度系数 μ 按表 2-15～表 2-18 采用时，应符合下列规定：

1）支撑架高度不应超过一个建筑楼层高度，且不应超过 5.2m；

2）架体上永久与可变荷载（不含风荷载）总和标准值不应大于 7.5kN/m²；

3）架体上永久荷载与可变荷载（不含风荷载）总和的均布线荷载标准值不应大于 7kN/m。

4. 脚手架地基承载力计算

（1）立杆基础底面的平均压力应满足下式的要求：

$$p_k = N_k / A \leqslant f_g \tag{2-25}$$

式中：p_k——立杆基础底面处的平均压力标准值，kPa；

N_k——上部结构传至立杆基础顶面的轴向力标准值，kN；

A——基础底面面积，m²；

f_g——地基承载力特征值，kPa，应按如下（2）条的规定采用。

（2）地基承载力特征值的取值应符合下列规定：

1）当为天然地基时，应按地质勘探报告选用；当为回填

表2-15　　满堂支撑架(剪刀撑设置普通型)立杆计算长度系数 μ_1

步距/m	立杆间距											
	1.2m×1.2m 高宽比不大于2 最少跨数4		1.0m×1.0m 高宽比不大于2 最少跨数4		0.9m×0.9m 高宽比不大于2 最少跨数5		0.75m×0.75m 高宽比不大于2 最少跨数5		0.6m×0.6m 高宽比不大于2.5 最少跨数5		0.4m×0.4m 高宽比不大于2.5 最少跨数8	
	$a=0.5\text{m}$	$a=0.2\text{m}$	$a=0.5\text{m}$	$a=0.2\text{m}$	$a=0.5\text{m}$	$a=0.2\text{m}$	$a=0.5\text{m}$	$a=0.2\text{m}$	$a=0.5\text{m}$	$a=0.2\text{m}$	$a=0.5\text{m}$	$a=0.2\text{m}$
1.8	—	—	1.165	1.432	1.131	1.388	—	—	—	—	—	—
1.5	1.298	1.649	1.241	1.574	1.215	1.540	—	—	—	—	—	—
1.2	1.403	1.869	1.352	1.799	1.301	1.719	1.257	1.699	1.599	—	—	—
0.9	—	—	1.532	2.153	1.473	2.066	1.422	2.005	1.599	2.251	—	—
0.6	—	—	—	—	1.699	2.622	1.629	2.526	1.839	2.846	1.839	2.846

注:1. 同表2-13注1、注2。

2. 立杆间距 0.9m×0.6m 计算长度系数,同立杆间距 0.75m×0.75m 计算长度系数,高宽不变,最小宽度1.2m。

3. 高宽比超过表中规定时,应按如下条文执行:当满堂支撑架高宽比不满足表2-15~表2-18的规定(高宽比大于2或2.5)时,满堂支撑架应在支架四周和中部与结构柱进行刚性连接,连墙件水平间距应为6~9m,竖向间距应为2~3m。在无结构柱部位应采取预埋钢管等措施与建筑物结构进行刚性连接。满堂支撑架宜超出顶部加载区投影范围向外延伸布置(2~3)跨。支撑架高宽比不应大于3。

表2-16　满堂支撑架（剪刀撑设置加强型）立杆计算长度系数 μ_1

步距/m	1.2m×1.2m 高宽比不大于2 最少跨数4		1.0m×1.0m 高宽比不大于2 最少跨数4		0.9m×0.9m 高宽比不大于2 最少跨数5		0.75m×0.75m 高宽比不大于2 最少跨数5		0.6m×0.6m 高宽比不大于2.5 最少跨数5		0.4m×0.4m 高宽比不大于2.5 最少跨数8	
	$a=0.5m$	$a=0.2m$	$a=0.5m$	$a=0.2m$	$a=0.5m$	$a=0.2m$	$a=0.5m$	$a=0.2m$	$a=0.5m$	$a=0.2m$	$a=0.5m$	$a=0.2m$
1.8	1.099	1.355	1.059	1.305	1.031	1.269	—	—	—	—	—	—
1.5	1.174	1.494	1.123	1.427	1.091	1.386	—	—	—	—	—	—
1.2	1.269	1.685	1.233	1.636	1.204	1.596	1.168	1.546	—	—	—	—
0.9	—	—	1.377	1.940	1.352	1.903	1.285	1.806	1.294	1.818	—	—
0.6	—	—	—	—	1.556	2.395	1.477	2.281	1.497	2.300	1.497	2.300

注：同表2-15注。

表 2-17 满堂支撑架(剪刀撑设置普通型)
立杆计算长度系数 μ_2

步距 /m	立杆间距					
	1.2m× 1.2m	1.0m× 1.0m	0.9m× 0.9m	0.75m× 0.75m	0.6m× 0.6m	0.4m× 0.4m
	高宽比 不大于 2	高宽比 不大于 2	高宽比 不大于 2	高宽比 不大于 2	高宽比 不大于 2.5	高宽比 不大于 2.5
	最少跨数 4	最少跨数 4	最少跨数 5	最少跨数 5	最少跨数 5	最少跨数 8
1.8		1.750	1.697			
1.5	2.089	1.993	1.951			
1.2	2.492	2.399	2.292	2.225		
0.9		3.109	2.985	2.896	3.251	
0.6			4.371	4.211	4.744	4.744

注:同表 2-16 注。

表 2-18　　满堂支撑架(剪刀撑设置加强型)
立杆计算长度系数 μ_2

步距 /m	立杆间距					
	1.2m× 1.2m	1.0m× 1.0m	0.9m× 0.9m	0.75m× 0.75m	0.6m× 0.6m	0.4m× 0.4m
	高宽比 不大于 2	高宽比 不大于 2	高宽比 不大于 2	高宽比 不大于 2	高宽比 不大于 2.5	高宽比 不大于 2.5
	最少跨数 4	最少跨数 4	最少跨数 5	最少跨数 5	最少跨数 5	最少跨数 8
1.8	1.656	1.595	1.551			
1.5	1.893	1.808	1.755			
1.2	2.247	2.181	2.128	2.062		
0.9		2.802	2.749	2.608	2.626	
0.6			3.991	3.806	3.833	3.833

土地基时,应对地质勘探报告提供的回填土地基承载力特征值乘以折减系数 0.4;

2) 由载荷试验或工程经验确定。

(3) 对搭设在楼面等构筑物结构上的脚手架,应对支撑架体的构筑物结构进行承载力验算,当不能满足承载力要求时应采取可靠的加固措施。

5. 型钢悬挑脚手架计算

(1) 当采用型钢悬挑梁作为脚手架的支承结构时,应进行下列计算:

1) 型钢悬挑梁的抗弯强度、整体稳定性和挠度;

2) 型钢悬挑梁锚固件及其锚固连接的强度;

3) 型钢悬挑梁下构筑物结构的承载能力验算。

(2) 悬挑脚手架作用于型钢悬挑梁上的立杆的轴向力设计值,应根据悬挑脚手架分段搭设高度按式(2-7)、式(2-9)分别计算,并应取较大者。

(3) 型钢悬挑梁的抗弯强度应按下式计算:

$$\sigma = \frac{M_{max}}{W_n} \leqslant f \qquad (2\text{-}26)$$

式中: σ ——型钢悬挑梁应力值;

M_{max} ——型钢悬挑梁计算截面最大弯矩设计值;

W_n ——型钢悬挑梁净截面模量;

f ——钢材的抗压强度设计值。

(4) 型钢悬挑梁的整体稳定应按下式计算:

$$\frac{M_{max}}{\phi_b W} \leqslant f \qquad (2\text{-}27)$$

式中: ϕ_b ——型钢悬挑梁的整体稳定性系数,应按现行国家标准《钢结构设计规范》(GB 50017—2014)的规定采用;

W ——型钢悬挑梁毛截面模量。

(5) 型钢悬挑梁的挠度(图 2-8)应符合下式规定:

$$\upsilon \leqslant [\upsilon] \qquad (2\text{-}28)$$

式中: $[\upsilon]$ ——型钢悬挑梁挠度允许值,应按表 2-6 取值;

υ ——型钢悬挑梁最大挠度。

(6) 将型钢悬挑梁锚固在主体结构上的 U 形钢筋拉环或螺栓的强度应按下式计算:

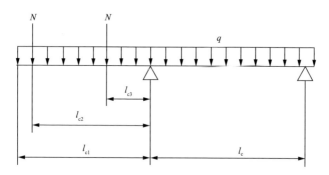

图 2-8 悬挑脚手架型钢悬挑梁计算示意图

N—悬挑脚手架立杆的轴向力设计值;l_c—型钢悬挑梁锚固点中心至建筑楼层板边支承点的距离;l_{c1}—型钢悬挑梁悬挑端面至建筑结构楼层板边支承点的距离;l_{c2}—脚手架外立杆至建筑结构楼层板边支承点的距离;l_{c3}—脚手架内立杆至建筑结构楼层板边支承点的距离;q—型钢梁自重线荷载标准值

$$\sigma = \frac{N_m}{A_l} \leqslant f_l \qquad (2\text{-}29)$$

式中:σ——U 形钢筋拉环或螺栓应力值;

N_m——型钢悬挑梁锚固段压点 U 形钢筋拉环或螺栓拉力设计值,N;

A_l——U 形钢筋拉环净截面面积或螺栓的有效截面面积,mm^2,一个钢筋拉环或一对螺栓按两个截面计算;

f_l——U 形钢筋拉环或螺栓抗拉强度设计值,应按现行国家标准《混凝土结构设计规范》(GB 50010—2010)(2015 年版)的规定取 $f_l = 50N/mm^2$。

(7)当型钢悬挑梁锚固段压点处采用 2 个(对)及以上 U 形钢筋拉环或螺栓锚固连接时,其钢筋拉环或螺栓的承载能力应乘以 0.85 的折减系数。

(8)当型钢悬挑梁与建筑结构锚固的压点处楼板未设置上层受力钢筋时,应经计算在楼板内配置用于承受型钢梁锚固作用引起负弯矩的受力钢筋。

(9)对型钢悬挑梁下建筑结构的混凝土梁(板)应按现行

国家标准《混凝土结构设计规范》(GB 50010—2010)(2015 年版)的规定进行混凝土局部受压承载力、结构承载力验算,当不满足要求时,应采取可靠的加固措施。

(10)悬挑脚手架的纵向水平杆、横向水平杆、立杆、连墙件计算应符合本节单、双排脚手架计算的规定。

目前扣件式钢管模板支架主要表现形式为满堂支撑架。

第四节　扣件式钢管模板支架设计计算实例

现以为湖北武汉某学院图书馆模板工程为例进行计算,具体参数以及计算过程如下:

一、工程属性

表 2-19　　　　　　　工　程　属　性

新浇混凝土楼板名称	三层,标高4.17m	新浇混凝土楼板板厚/mm	110
新浇混凝土楼板边长 L/m	2.7	新浇混凝土楼板边宽 B/m	2.5

二、荷载设计

表 2-20　　　　　　荷载设计基本参数

施工人员及设备荷载标准值 Q_{1k}	当计算面板和小梁时/(kN/m²)	2.5
	当计算面板和小梁时/kN	2.5
	当计算主梁时/(kN/m²)	1.5
	当计算支架立柱及其他支承结构件时/(kN/m²)	1
面板及其支架自重标准值 G_{1k}/(kN/m²)	面板	0.04
	面板及小梁	0.3
	楼板面板	0.5
	面板及其支架	0.75
新浇筑混凝土自重标准值 G_{2k}/(kN/m³)	24	

钢筋自重标准值 $G_{3k}/(kN/m^3)$	1.1		
风荷载标准值 $\omega_k/(kN/m^2)$	基本风压 $\omega_0/(kN/m^2)$	0.25	0.15
	风荷载高度变化系数 μ_z	0.74	
	风荷载体型系数 μ_s	0.8	

三、模板体系设计

表 2-21　　　　　　**模板体系设计基本参数**

模板支架高度/m	3.77
立柱纵向间距 l_a/mm	700
立柱横向间距 l_b/mm	700
水平拉杆步距 h/mm	1200
立柱布置在混凝土板域中的位置	中心对称
立柱距混凝土板短边的距离/mm	300
立柱距混凝土板长边的距离/mm	200
主梁布置方向	平行楼板长边
小梁间距/mm	200
小梁距混凝土板短边的距离/mm	100
小梁两端各悬挑长度/mm	200,200

四、面板验算

表 2-22　　　　　　**面 板 验 算 参 数**

面板类型	覆面木胶合板	面板厚度/mm	18
面板抗弯强度设计值 $[f]/(N/mm^2)$	37	面板弹性模量 $E/(N/mm^2)$	10584

根据相关规范要求面板可按简支跨计算的规定,另据现实,楼板面板应搁置在梁侧模板上,因此本例以简支梁,取1m 单位宽度计算。计算简图如图 2-9 所示。

$$W = 1000 \times 18 \times 18/6 = 54000(mm^3)$$
$$I = 1000 \times 18 \times 18 \times 18/12 = 486000(mm^4)$$

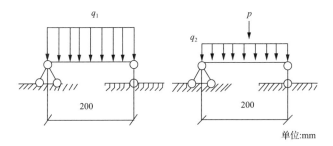

单位:mm

图 2-9　面板计算简图

1. 强度验算

$q_1 = 0.9\max\{1.2 \times [0.04 + (1.1 + 24) \times 0.11] + 1.4 \times 2.5, 1.35 \times [0.04 + (1.1 + 24) \times 0.11] + 1.4 \times 0.7 \times 2.5\} \times 1 \approx 6.175(\text{kN/m})$

$q_2 = 0.9 \times 1.2 \times 0.04 \times 1 \approx 0.043(\text{kN/m})$

$p = 0.9 \times 1.4 \times 2.5 = 3.15(\text{kN})$

$M_{\max} = \max[6.175 \times 0.2^2/8, 0.043 \times 0.2^2/8 + 3.15 \times 0.2/4] = 0.158(\text{kN} \cdot \text{m})$

$\sigma = M_{\max}/W = 0.158 \times 10^6/54000 = 2.921 \text{N/mm}^2 \leqslant [f] = 37(\text{N/mm}^2)$

满足要求。

2. 挠度验算

$q = [0.04 + (1.1 + 24) \times 0.11] \times 1 = 2.801(\text{kN/m})$

$\nu = 5ql^4/(384EI) = 5 \times 2.801 \times 200^4/(384 \times 10584 \times 486000) = 0.011\text{mm} \leqslant [\nu] = l/400 = 200/400 = 0.5(\text{mm})$

满足要求。

五、小梁验算

因 $[B/l_b]_{取整} = [2500/700]_{取整} = 3$，按三等跨连续梁计算，又因小梁较大悬挑长度为 200mm，因此需进行最不利组合，计算简图如图 2-10 所示。

表 2-23　　　　　　　　小梁验算参数

小梁类型	方木	小梁材料规格/(mm×mm)	60×80
小梁抗弯强度设计值 $[f]/(\text{N/mm}^2)$	15.44	小梁抗剪强度设计值 $[\tau]/(\text{N/mm}^2)$	1.66
小梁弹性模量 $E/(\text{N/mm}^2)$	8415	小梁截面抵抗矩 W/cm^3	64
小梁截面惯性矩 I/cm^4		256	

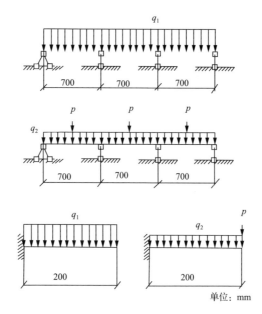

单位：mm

图 2-10　小梁计算简图

1. 强度验算

$q_1 = 0.9\max\{1.2\times[0.3+(1.1+24)\times0.11]+1.4\times$
$2.5, 1.35\times[0.3+(1.1+24)\times0.11]+1.4\times0.7\times2.5\}\times$
$0.2 = 1.291(\text{kN/m})$

因此，$q_{1静} = 0.9\times1.2\times[0.3+(1.1+24)\times0.11]\times0.2$
$\approx0.661(\text{kN/m})$

$q_{1活} = 0.9\times1.4\times2.5\times0.2 = 0.63(\text{kN/m})$

$M_1 = 0.08 \times 0.661 \times 0.7^2 + 0.101 \times 0.63 \times 0.7 \approx$
$0.057(\text{kN} \cdot \text{m})$

$q_2 = 0.9 \times 1.2 \times 0.3 \times 0.2 \approx 0.065(\text{kN/m})$

$p = 0.9 \times 1.4 \times 2.5 = 3.15(\text{kN/m})$

$M_2 = 0.08 \times 0.065 \times 0.7^2 + 0.213 \times 3.15 \times 0.7 \approx$
$0.472(\text{kN} \cdot \text{m})$

$M_3 = \max[1.291 \times 0.2^2/2, 0.065 \times 0.2^2/2 + 3.15 \times 0.2]$
$= 0.631(\text{kN} \cdot \text{m})$

$M_{\max} = \max[M_1, M_2, M_3] = \max[0.057, 0.472, 0.631]$
$= 0.631(\text{kN} \cdot \text{m})$

$\sigma = M_{\max}/W = 0.631 \times 10^6/64000 \approx 9.859 \text{N/mm}^2 \leqslant [f]$
$= 15.44(\text{N/mm}^2)$

满足要求。

2. 抗剪验算

$V_1 = 0.6 \times 0.661 \times 0.7 + 0.617 \times 0.63 \times 0.7 \approx 0.55(\text{kN})$

$V_2 = 0.6 \times 0.065 \times 0.7 + 0.675 \times 3.15 \approx 2.153(\text{kN})$

$V_3 = \max[1.291 \times 0.2, 0.065 \times 0.2 + 3.15] = 3.163(\text{kN})$

$V_{\max} = \max[V_1, V_2, V_3] = \max[0.55, 2.153, 3.163] =$
$3.163(\text{kN})$

$\tau_{\max} = 3 \times 3.163 \times 1000/(2 \times 80 \times 60) \approx 0.988(\text{N/mm}^2)$
$\leqslant [\tau] = 1.66(\text{N/mm}^2)$

满足要求。

3. 挠度验算

$q = [0.3 + (24 + 1.1) \times 0.11] \times 0.2 \approx 0.612(\text{kN/m})$

跨中 $\nu_{\max} = 0.677 \times 0.612 \times 700^4/(100 \times 8415 \times 2560000) \approx 0.046\text{mm} \leqslant [\nu] = l/400 = 700/400 = 1.75(\text{mm})$

悬臂端 $\nu_{\max} = 0.612 \times 200^4/(8 \times 8415 \times 2560000) \approx 0.006\text{mm} \leqslant [\nu] = l_1/400 = 200/400 = 0.5(\text{mm})$

满足要求。

六、主梁验算

因主梁 2 根合并，则抗弯、抗剪、挠度验算荷载值取半。

表 2-24 **主 梁 验 算 参 数**

主梁类型	钢管	主梁材料规格/(mm×mm)	Φ42.7×2.7
可调托座内主梁根数	2	主梁弹性模量 E/(N/mm²)	206000
主梁抗弯强度设计值 $[f]$/(N/mm²)	205	主梁抗剪强度设计值 $[\tau]$/(N/mm²)	125
主梁截面惯性矩 I/cm⁴	6.82	主梁截面抵抗矩 W/cm³	3.19

1. 小梁最大支座反力计算

$Q_{1k}=1.5(\text{kN/m}^2)$

$q_1=0.9\max\{1.2\times[0.5+(1.1+24)\times0.11]+1.4\times1.5,1.35\times[0.5+(1.1+24)\times0.11]+1.4\times0.7\times1.5\}\times0.2\approx1.082(\text{kN/m})$

$q_{1\text{静}}=0.9\times1.2\times[0.5+(1.1+24)\times0.11]\times0.2\approx0.704(\text{kN/m})$

$q_{1\text{活}}=0.9\times1.4\times1.5\times0.2=0.378(\text{kN/m})$

$q_2=[0.5+(1.1+24)\times0.11]\times0.2\approx0.652(\text{kN/m})$

承载能力极限状态

按三跨连续梁：

$R_{\max}=1.1\times0.704\times0.7+1.2\times0.378\times0.7\approx0.86(\text{kN})$

按悬臂梁：

$R_1=1.082\times0.2\approx0.216(\text{kN})$

$R=\max[R_{\max},R_1]/2=0.43(\text{kN})$；

同理：

$R'=0.322\text{kN},R''=0.215(\text{kN})$

正常使用极限状态

按三跨连续梁：

$R_{\max}=1.1\times0.652\times0.7\approx0.502(\text{kN})$

按悬臂梁：

$R_1=0.502\times0.2\approx0.1(\text{kN})$

$R=\max[R_{\max},R_1]/2=0.251(\text{kN})$；

同理：

$R'=0.188\text{kN},R''=0.126(\text{kN})$

满足要求。

2. 抗弯验算

计算简图如图 2-11～图 2-14 所示。

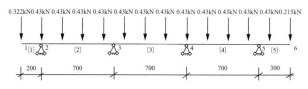

图 2-11　主梁计算简图

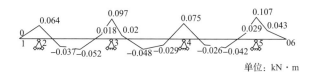

单位：kN·m

图 2-12　主梁弯矩图

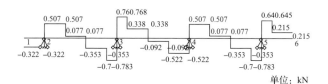

单位：kN

图 2-13　主梁剪力图

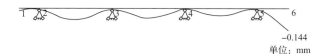

单位：mm

图 2-14　主梁变形图

$$\sigma = M_{\max}/W = 0.107 \times 10^6/3190 \approx 33.542\,(\text{N/mm}^2) \leqslant$$

$[f] = 205(\text{N/mm}^2)$

满足要求。

3. 抗剪验算

$\tau_{max} = 2 \times 0.783 \times 1000/339 \approx 4.621 (\text{N/mm}^2) \leqslant [\tau] = 125 (\text{N/mm}^2)$

满足要求。

跨中：

$\nu_{max} = 0.07 (\text{mm}) \leqslant [\nu] = 700/400 = 1.75 (\text{mm})$

悬挑：

$\nu_{max} = 0.144 (\text{mm}) \leqslant [\nu] = 300/400 = 0.75 (\text{mm})$

满足要求。

七、立柱验算

表 2-25 立 柱 验 算 参 数

钢管类型	$\phi 42.7 \times 2.7$	立柱截面面积 A/mm^2	339
立柱截面回转半径 i/mm	14.2	立柱截面抵抗矩 W/cm^3	3.19
立柱抗压、弯强度设计值 $[\sigma]/(\text{N/mm}^2)$		205	

$\lambda = h/i = 1200/14.2 \approx 84.507 \leqslant [\lambda] = 150$

满足要求。

查表得,$\phi = 0.698$

$M_w = 0.9^2 \times 1.4 \times 0.15 \times 0.7 \times 1.2^2/10 \approx 0.017 (\text{kN} \cdot \text{m})$

$N_w = 0.9 \times \{1.2 \times [0.75 + (24 + 1.1) \times 0.11] + 0.9 \times 1.4 \times 1\} \times 0.7 \times 0.7 + 0.9^2 \times 1.4 \times 0.017/0.7 \approx 2.441 (\text{kN})$

$\sigma = N_w/(\phi A) + M_w/W = 2441.087/(0.698 \times 339) + 0.017 \times 10^6/3190 \approx 15.62 (\text{N/mm}^2) \leqslant [\sigma] = 205 (\text{N/mm}^2)$

满足要求。

八、可调托座验算

表 2-26 可 调 托 座 参 数

可调托座承载力允许值 $[N]/\text{kN}$	30

按上节计算可知,可调托座受力 $N = 2.441 (\text{kN}) \leqslant [N] = 30 (\text{kN})$

满足要求。

九、立柱地基基础验算

表 2-27 立柱地基基础验算

地基土类型	黏性土	地基承载力设计值 f_{ak}/kPa	210
立柱垫木地基土承载力折减系数 m_f	1	垫板底面面积 A/m²	0.04

立柱底垫板的底面平均压力 $p = N/(mfA) = 2.441/(1 \times 0.04) = 61.025(\text{kPa}) \leqslant f_{ak} = 210(\text{kPa})$

满足要求。

第三章

木 模 板 制 作

第一节 木 材 知 识

一、支模用木材

1. 木材的分类

木材是由树木加工而成的。树木分为针叶树和阔叶树两大类。

（1）针叶树。

树叶细长呈针状，多为常绿树。树干通直高大，纹理顺直，材质均匀且较软，易于加工，又称"软木材"。表观密度和胀缩变形小，耐腐蚀性好，强度高。针叶树木材是主要的建筑用材，广泛用于承重构件和门窗、地面和装饰工程，常见树种有松树、杉树、柏树等。

（2）阔叶树。

树叶宽大叶脉呈网状，多为落叶树。树干通直部分较短，材质较硬，又称"硬木材"。表观密度大，易翘曲开裂，常用作尺寸较小的构件，有的硬木经过加工后出现美丽的纹理，适用于室内装饰、制作家具和胶合板等。常见树种有榆树、水曲柳、柞木等。阔叶树中也有木质较软、易加工的树种，如杨树、桦树等。

2. 木材的构造

木材的构造（结构）决定木材性质。由于树种的不同和树木生长环境的差异使其构造差别很大。木材的构造分为宏观构造和微观构造。

（1）宏观构造。

宏观构造是指用肉眼或用放大镜就能观察到的木材内部构造。一般从树干的三个不同切面进行观察，如图 3-1。

横切面——垂直于树干主轴的切面；

径切面——通过髓心，与树干平行的纵平面；

弦切面——与髓心有一定距离，与树干平行的纵平面。

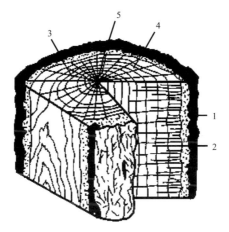

图 3-1　木材三个切面
1—树皮；2—木质部；3—年轮；4—髓线；5—髓心

从图 3-1 可以看出，树木是由树皮、髓心和木质部等部分组成。树皮是树木的外表组织，在工程中一般没有使用价值，只有黄菠萝和栓皮栎两种树的树皮是高级的保温材料。髓心是树木最早生成的木质部分，材质松软，易腐朽，故一般不用。树皮和髓心之间的部分是木质部，它是木材主要的使用部分。靠近髓心部分颜色较深，称作心材。靠近外围部分颜色较浅，称为边材。边材含水高于心材，容易翘曲，利用价值较心材小。

从横切面上看到的木质部深浅相间的同心圆，一般树木每年生长一圈，称为年轮。年轮内侧浅色部分是春天生长的木质，材质较松软，称为春材（早材）；年轮外侧颜色较深部分是夏秋两季生长的,材质较密实,称为夏材(晚材)。树木的年轮越密实越均匀,材质越好;夏材部分越多,木材强度越高。从横切面上,沿半径方向一定长度内,所含夏材的百分率,称为夏材率,它是影响木材强度的重要因素。

从髓心向外成放射状穿过年轮的组织,称为髓线。髓线与周围组织联结软弱,木材干燥时易沿髓线开裂。

(2)微观构造。

在显微镜下所能看到的木材细胞组织,称为木材的微观构造。用显微镜可以观察到,木材是由无数管状细胞紧密结合而成,它们大部分沿树干纵向排列,只有髓线的细胞是横向排列。每个细胞都由细胞壁和细胞腔组成,细胞壁越厚,细胞腔越小,木材越密实,其表观密度和强度也越高,但胀缩变形也越大。

针叶树和阔叶树的微观构造有较大差别,如图 3-2 和图 3-3 所示。针叶树材微观构造简单而规则,主要由管胞、髓线和树脂道组成,其髓线较细而不明显。阔叶树材微观构造较复杂,由木纤维、导管和髓线组成。它的最大特点是髓线很发达,粗大而明显,这是区别于针叶树材的显著差别。

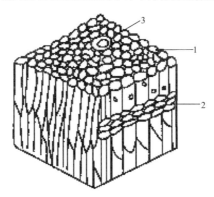

图 3-2 针叶树 马尾松微观构造

1—管胞;2—髓线;3—树脂道

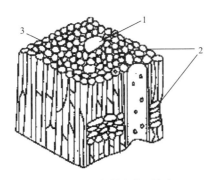

图 3-3　阔叶树柞木微观构造

1—导管；2—髓线；3—木纤维

3. 木材的缺陷和等级

（1）木材的缺陷。

木材缺陷是指降低木材及其制品商品价值和使用价值的总称，是影响木材质量和等级的重要因素，也是木材检验的主要对象之一。掌握木材缺陷的种类、形成原因及其对材质与产品的影响，对指导林木材质改良、木材及其产品质量检验和木材合理利用具有重要的意义。

常见的木材缺陷有以下几种：

1）节子。是在树干或主枝木材中的枝条部分，活节与周围木材紧密连生，质地坚硬，构造正常，死节与周围木材局部或全部脱离，质地坚硬或松软，在板材中死节如脱落就形成空洞。

2）漏节。是节子本身已经腐朽，而且深入树干内部，引起木材内部腐朽，所以漏节是内部腐朽的外部特征属于腐朽范畴。树木或原条按节子分布，可分为无节区、死节区、活节区，根段原木主要是无节区，材质优良，只在芯部有少量细小的死节。中段原木主要是死节区，材质中等，梢段主要是活节区，材质最差，无节区是高质量部分，是制材的主要对象。

3）腐朽。由于木腐菌侵入木材，使其细胞壁破坏，物理力学性质渐弱，最后变得松软易碎，呈筛孔状或粉末状。

4）变色。凡是木材正常的颜色发生改变即称变色。变色分化学变色和真菌变色,化学变色对物理力学性质没有影响,真菌变色有时抗冲击弯曲强度降低。

5）虫害。因各种昆虫为害而造成的木材缺陷称虫害。虫害分为虫沟、小虫眼、大虫眼,表面虫眼和虫沟可随板皮一起锯除,小虫眼影响也不大,但是深自 10mm 以上,直径为 3mm 以上的大虫眼,破坏木材完整性,降低力学强度,而且是其他菌类侵入木材的通道,所以是影响木材质量等级的缺陷之一。

6）裂纹。在树木生长期间或伐倒后,由于受外力或温度和湿度变化的影响,使木材纤维之间发生脱离的现象,称为裂纹。裂纹分径裂、轮裂、干裂三种。径裂是在木材断面内部、沿半径方向开裂的裂纹;轮裂是在木材断面沿年轮方向开裂的裂纹,轮裂有成整圈的(环裂)和不成整圈的(弧裂)两种;干裂是出于树木干燥不均引起的裂纹,一般都分布在材身上,如断面上裂纹与材身上外露裂纹相连,一般统称为纵裂。

（2）木材的等级。

根据国家标准《木结构设计规范》（GB 50005—2003）,承重木结构用木材的材质等级,按木材缺陷多少分别对原木、方木及板材的材质分为三个等级。普通木结构构件设计时,应根据构件的主要用途按表 3-1 的要求选用相应的材质等级。同时,《木结构工程施工质量验收规范》（GB 50206—2012)中规定,原木、方木及板材应分别按表 3-2～表 3-4 的规定划定每根木料的等级,不得采用普通商品材的等级标准替代。

表 3-1　　　　　承重结构木构件材质等级

项次	主要用途	材质等级
1	受拉或拉弯构件	I_a
2	受弯或压弯构件	II_a
3	受压构件及次要受弯构件(如吊顶小龙骨等)	III_a

表 3-2　　　　　承重木结构原木材质等级标准

项次	缺陷名称		木材等级		
			Ⅰ_a	Ⅱ_a	Ⅲ_a
1	腐朽		不允许	不允许	不允许
2	木节	在构件任一面任何 150mm 长度上沿周围所有木节尺寸的总和,与所测部位原来周长的比值	≤1/4	≤1/3	≤2/5
		每个木节的最大尺寸与所测部位原木周长的比值	≤1/10(连接部位为≤1/12)	≤1/6	≤1/6
3	扭纹	斜率/%	≤8	≤12	≤15
4	裂缝	在连接的受剪面上	不允许	不允许	不允许
		在连接部位的受剪面附近,其裂缝深度(有对面裂缝时,两者之和)与原木直径的比值	≤1/4	≤1/3	不限
5	髓心		应避开受剪面	不限	不限

注:1. Ⅰ_a、Ⅱ_a 等材不允许有死节,Ⅲ_a 等材允许有死节(不包括发展中的腐朽节),直径不应大于原木直径的 1/5,且每 2m 长度内不得多于 1 个。

2. Ⅰ_a 等材不允许有虫眼,Ⅱ_a、Ⅲ_a 等材允许有表层的虫眼。

3. 木节尺寸按垂直于构件长度方向测量。直径小于 10mm 的木节不计。

4. 木材的物理、力学性能

(1) 木材的物理性能。

1) 密度。由于各木材的分子构造基本相同,因而木材的密度基本相等,平均值约为 1.55g/cm^3。

2) 体积密度。体积密度波动较大,即使是同一树种也有差异。原因是木材生长的土壤、气候及其他自然条件不同,其构造和孔隙率也不同,孔隙率达到 $50\% \sim 80\%$,致使体积有很大差别。

3) 导热性。木材具有较小的体积密度,较多的孔隙,是一种良好的绝热材料,表现为导热系数较小,但木材的纹理不同,即各向异性,使得方向不同时,导热系数也有较大差异。

表 3-3 承重木结构方木材质等级标准

项次	缺陷名称		木材等级		
			I_a	II_a	III_a
1	腐朽		不允许	不允许	不允许
2	木节	在构件任一面任何 150mm 长度上所有木节尺寸的总和与所在面宽的比值	≤1/3(普通部位);≤1/4(连接部位)	≤2/5	≤1/2
3	斜纹	斜率/%	≤5	≤8	≤12
4	裂缝	在连接的受剪面上	不允许	不允许	不允许
		在连接部位的受剪面附近,其裂缝深度(有对面裂缝时,用两者之和)与材宽的比值	≤1/4	≤1/3	不限
5	髓心		应避开受剪面	不限	不限

注:1. I_a 等材不允许有死节,II_a、III_a 等材允许有死节(不包括发展中的腐朽节),对于 II_a 等材直径不应大于 20mm,且每延米中不得多于 1 个,对于 III_a 等材直径不应大于 50mm,每延米中不得多于 2 个。

2. I_a 等材不允许有虫眼,II_a、III_a 等材允许有表层的虫眼。

3. 木节尺寸按垂直于构件长度方向测量。木节表现为条状时,在条状的一面不量(参见图 3-4);直径小于 10mm 的木节不计。

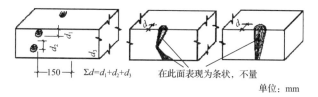

$\sum d = d_1 + d_2 + d_3$ 在此面表现为条状,不量

单位: mm

图 3-4 木节量法

4) 含水率。木材的含水率是指木材中所含水分的质量占木材干燥质量的百分数。新伐木材的含水率在 35% 以上;风干木材的含水率为 15%～25%;室内干燥木材的含水率常为 15% 以下。木材中所含水分多少,对木材性质影响较大。

木材中的水分主要有三种状态,即自由水(毛细水)、吸附水(物理结合水)和化合水。自由水是存在于木材细胞腔

表 3-4　　　　　　　　承重木结构板材材质等级标准

项次	缺陷名称		木材等级		
			I_a	II_a	III_a
1	腐朽		不允许	不允许	不允许
2	木节	在构件任一面任何 150mm 长度上所有木节尺寸的总和与所在面宽的比值	≤1/4(普通部位);≤1/5(连接部位)	≤1/3	≤2/5
3	斜纹	斜率/%	≤5	≤8	≤12
4	裂缝	连接部位的受剪面及其附近	不允许	不允许	不允许
5	髓心		不允许	不允许	不允许

注：I_a 等材不允许有死节，II_a、III_a 等材允许有死节(不包括发展中的腐朽节)，对于 II_a 等材直径不应大于 20mm，且每延米中不得多于 1 个，对于 III_a 等材直径不应大于 50mm，每延米中不得多于 2 个。

和细胞间隙中的水分，自由水的变化只影响木材的表观密度、干燥性、燃烧性等；吸附水是被吸附在细胞壁内纤维之间的水分，吸附水的变化则影响木材的强度和胀缩变形；化合水是木材化学成分中的结合水，总含量通常不超过 1%～2%，它在常温下不变化，故其对木材的性质无影响。

① 木材的纤维饱和点。木材干燥时，首先是自由水蒸发，而后是吸附水蒸发。木材受潮时，先是细胞壁吸水，细胞壁吸水达到饱和后，自由水才开始吸入。当木材细胞壁中的吸附水达到饱和，而细胞腔和细胞间隙中尚无自由水时，这时的含水率称为纤维饱和点。木材的纤维饱和点随树种而异，一般介于 25%～35%，平均值 30%。它是木材物理力学性质是否随含水率而发生变化的转折点。

② 木材的平衡含水率。木材具有纤维状结构和很大的孔隙率，其内表面积极大，易于从空气中吸收水分，此即木材的吸湿性。潮湿木材也可向周围放出水分。当木材长时间处于一定温度和湿度环境中时，木材中的含水量最后会达到与周围环境相平衡，此时木材的含水率称为平衡含水率。

木材的平衡含水率是木材进行干燥时的重要指标。为了避免木材在使用过程中因含水率变化太大而引起变形或开裂,木材使用前,须干燥至使用环境常年平均的平衡含水率。我国平衡含水率平均为 15%(北方约为 12%,南方约为 18%)。

5)吸湿性。木材具有较强的吸湿性。木材的吸湿性对木材的性能,特别是木材的干缩湿胀影响很大。因此,木材在使用时其含水率应接近于平衡含水率或稍低于平衡含水率。

6)湿胀与干缩。木材具有显著的湿胀干缩性,这是由于细胞壁内吸附水含量变化所引起的。其规律是:当木材的含水率在纤维饱和点以下时,随着含水率的增大,木材细胞壁内的吸附水增多,体积膨胀;随着含水率的减小,木材体积收缩;而当木材含水率在纤维饱和点以上,只是自由水增减变化时,木材的体积不发生变化。

木材的湿胀干缩变形随树种的不同而异,一般情况表观密度大的、夏材含量多的木材,胀缩变形较大。由于木材为非匀质构造,故木材内部胀缩变形各方向也不同,纵向(顺纤维方向)收缩很小,径向较大,弦向最大。

木材的湿胀干缩对其实际应用带来不利影响。干缩会造成木结构拼缝不严、卯榫松弛、翘曲开裂,湿胀又会使木材产生凸起变形。因此必须采取相应的防范措施,最根本的方法是在木材制作前预先将其进行干燥处理,使木材干燥至其含水率与将做成的木构件使用时所处环境的湿度相适应的平衡含水率。

(2)木材的力学性能。

1)木材的强度。

木材的强度按照受力状态分为抗拉、抗压、抗弯和抗剪四种。由于木材构造各向不同,所以木材的强度又有顺纹(作用力方向与纤维方向平行)和横纹(作用力方向与纤维方向垂直)之分。顺纹和横纹强度有很大差别。木材理论上各种强度的关系见表 3-5。

木材的顺纹抗拉强度最高,但在实际应用中木材很少用于受拉构件,这是因为木材天然疵病对顺纹抗拉强度影响较

表 3-5 木材各种强度间的关系

抗压强度		抗拉强度		抗弯强度	抗剪强度	
顺纹	横纹	顺纹	横纹		顺纹	横纹
1	1/10～1/3	2～3	1/20～1/3	3/2～2	1/7～1/3	1/2～1

大,使其实际强度值变低。另外受拉构件在连接节点处受力较复杂,使其先于受拉构件而遭到破坏。

常用阔叶树的顺纹抗压强度为 49～56MPa,常用针叶树的顺纹抗压强度为 33～40MPa。

2) 木材强度的影响因素。

木材的强度除与自身的树种构造有关之外,还与含水率、负荷时间、环境温度、疵病等外在因素有关。

① 含水率的影响。含水率在纤维饱和点以下时,木材强度随着含水率的增加而降低,其中影响最大的是顺纹抗压强度,影响最小的是顺纹抗拉强度。当含水率超过纤维饱和点时,只是自由水变化,木材强度不变。

② 木材缺陷的影响。木材在生长、采伐、储存、加工和使用过程中会产生一些缺陷,如节子、构造缺陷、裂纹、腐朽、虫蛀等都会明显降低木材强度。

③ 荷载作用时间长短的影响。木材在长期荷载作用下的强度会降低,只能达到极限强度的 50%～60%(称为持久强度)。因此,在设计木结构时,应考虑负荷时间对木材的影响,一般应以持久强度为依据。

④ 环境温度的影响。木材强度随环境温度升高会降低,当温度从 25℃升至 50℃时,将因木纤维和其间的胶体软化等原因,使木材抗压强度降低 20%～40%,抗拉和抗剪强度降低 12%～20%。所以环境温度超过 50℃时,不应采用木结构。

二、木模板选材

目前我国混凝土结构模板材料已向多样化发展,除钢材、木材外,主要还有木胶合板、竹胶合板、塑料板、树脂板、预应力混凝土薄板等。由于目前木材较缺,因此在模板工程中应以尽量少用木材为原则。

模板的材料宜选用钢材、竹木材料、高分子材料等，模板支架的材料宜选用钢材等，尽量少用木材。模板材料的质量符合现行的国家标准和行业标准的规定。木材种类可根据各地区实际情况选用，材质不宜低于三等材。腐朽、严重扭曲、有蛀孔等缺陷的木材，脆性木材和容易变形的木材，均不得使用。木材应提前备料，干燥后使用，含水率宜为 18%～23%。水下施工用的木材，含水率宜为 23%～45%。

第二节 木工工具和木工机械

一、木工工具

木工工具一般都有较锋利的刃口，使用时一定要注意安全。最主要的是要掌握好各种工具的正确使用姿势和方法，例如锯割、刨削、斧劈时，都要注意身体的位置和手、脚的姿势正确。在操作木工机械时，尤其要严格遵守安全操作规程。

木工刀具需要经常修磨，尤其是刨刀、凿刀，要随时磨得锋利，才能在使用时既省力，又保证质量，所谓"磨刀不误砍柴工"就是这个道理。木工用的锯也要经常修整，要用锉刀将锯齿锉锋利，还要修整"锯路"。锯路是锯齿向锯条左右两侧有规律地倾斜而形成的。

使用完毕应将工具整理、收拾好。长期不使用时，应在工具的刃口上油，以防锈蚀。

1. 量具的种类及使用

（1）钢卷尺。用于下料和度量部件，携带方便，使用灵活。常选用 2m 或 3m 的规格。

（2）钢直尺。一般用不锈钢制作，精度高而且耐磨损。用于榫线、起线、槽线等方面的画线。

（3）角尺。角尺有木制和钢制两种。一般尺柄长 15～20cm，尺翼长 20～60cm，柄、翼互成垂直角，用于画垂直线、平行线、卡方及检查平面。角尺的直角精度一定要保护好，不得乱扔或丢放,更不能随意拿角尺敲打物件,造成尺柄和尺翼结合处松动,使角尺的垂直度发生变化不能使用。

(4)三角尺。三角尺的宽度均为 15~20cm,尺翼尺柄的交角为 90°,其余的两个角为 45°和 135°,用不易变形的木材料、竹、钢制成,使用时,将尺柄贴紧物面棱,可画出 45°及垂直线。

(5)活络角尺。活络角尺可任意调整角度,用于画线、卡木方等,尺翼长一般为 30cm。

(6)线锤。线锤是用金属制成的正圆锥体。其上端中央设有带孔螺栓盖,可系一根细绳,用于校验物面是否垂直。使用时,手持绳的上端,锤尖向下自由下垂,不摆动静止后,视线随绳线,如绳线与所测物体边线重合,即表示物面为垂直。

(7)水平尺。水平尺是用铁或铝合金制成。尺的中部及端部各装有水准管。当水准管内气泡居中时,即成水平。用于检验物面的水平度和垂直度及 45°。其长度一般有 40cm、60cm、80cm、100cm 等,使用前要将水平尺调准。

2. 画线工具种类及使用

(1)木工铅笔。削成鸭嘴状,画线时平面紧贴于样尺,防止增大两端点和落笔点。常用于装修,家具制作与安装,地板安装、画图等。

(2)勒线器。勒线器有多种,由勒子档、勒子杆、活楔和小刀片组成。勒子档多用硬木制成,中凿一个孔以穿勒子杆、杆的一端安装小刀片,杆侧用活楔与勒子档楔紧。其主要用来在工件上画平行线。使用时,右手握着勒子档和勒子杆,勒子档紧贴木料的直边,刀片轻轻贴到木料平面上,用力向后拉画。

(3)墨斗。弹线时,将定针固定在画线木板的一端,另一端用左手食指压住,然后线绳拉弹放下(因线绳饱含墨汁),即留有墨线条。常用于弹轴线和结构位置线。

3. 锯的种类及使用

锯的种类很多,虽然锯的很多工艺已被机械设备所取代,但是手工锯并不可少。木工锯有框锯、刀锯、手锯、侧锯、钢丝锯、横锯、板锯等多种。常用的有框锯和刀锯两种。

（1）框锯。又名架锯,是由工字形木框架、绞绳与绞片、锯条等组成。锯条两端用旋钮固定在框架上,并可用它调整锯条的角度。绞绳绞紧后,锯条被绷紧,即可使用。框锯按锯条长度及齿距不同可分为粗、中、细三种。粗锯锯条长650～750mm,齿距4～5mm,粗锯主要用于锯割较厚的木料;中锯锯条长550～650mm,齿距3～4mm,中锯主要用于锯割薄木料或开榫头;细锯锯条长450～500mm,齿距2～3mm,细锯主要用于锯割较细的木材和开榫拉肩。

（2）刀锯。刀锯主要由锯刃和锯把两部分组成,可分为单面、双面、夹背刀锯等。单面刀锯锯长350mm,一边有齿刃,根据齿刃功能不同,可分纵割和横割两种;双面刀锯锯长300mm,两边有齿刃,两边的齿刃一般是一边为纵割锯,另一边为横割锯。夹背刀锯锯板长250～300mm,夹背刀锯的锯背上用钢条夹直,锯齿较细,有纵割和横割锯之分。

（3）槽锯。槽锯由手把和锯条组成,锯条约长200mm。槽锯主要用于在木料上开槽。

（4）板锯。又称手锯。由手把和锯条组成,锯条长约250～750mm,齿距3～4mm,板锯主要用于较宽木板的锯割。

（5）狭手锯。锯条窄而长,前端呈尖形,长度约300～400mm。狭手锯主要用于锯割狭小的孔槽。

（6）曲线锯。又名绕锯,它的构造与框锯相同,但锯条较窄(10mm左右),主要是用来锯割圆弧、曲线等部分。

（7）钢丝锯。又名弓锯,它是用竹片弯成弓形,两端绷装钢丝而成,钢丝上剁出锯齿形的飞棱,利用飞棱的锐刃来锯割。钢丝长约200～600mm,锯弓长800～900mm。钢丝锯主要用于锯割复杂的曲线和开孔。

锯在使用时,必须要注意各类锯的安全操作方法:

1）框锯在使用前先用旋钮把锯条角度调整好,习惯上应与木架的平面成45°,用铰片将绷绳绞紧,使锯条绷直拉紧;开锯路时,右手紧握锯把,左手按在起始处,轻轻推拉几下。用力不要过大;锯割时不要左右歪扭,送锯时要重,提锯时要轻,推拉的节奏要均匀;快割锯完时应将被锯下的部分用手拿稳。用后要放松锯条,并挂在牢固的位置上。

2)使用横锯时,两只手的用力要均衡,防止向用力大的一侧跑锯;纠正偏口时,应缓慢纠偏,防止卡锯条或将锯条折断。

3)使用钢丝锯时,用力不可太猛,拉锯速度不可太快,以免将钢丝绷断。拉锯时,作业者的头部不许位于弓架上端,以免钢丝折断时弹伤面部。

4)应随时检查锯条的锋利程度和锯架、锯把柄的牢固程度;对锯齿变钝、斜度不均的锯要及时修理,对绳索、螺母、旋钮、把柄及木架的损坏也应及时修整、恢复后才可继续使用。

4. 传统木工刨及其使用

手工刨种类多,作用于木料的粗刨、细刨、净料、净光、起线、刨槽、刨圆等方面的制作工艺。

(1)手工刨的种类。

手工刨包括常用刨和专用刨。常用刨分为中粗刨、细长刨、细短刨等。专用刨是为制作特殊工艺要求所使用的刨子,专用刨包括轴刨、线刨等。轴刨又包括铁柄刨、圆底轴刨、双重轴刨、内圆刨、外圆刨等。线刨又包括拆口刨、槽刨、凹线刨、圆线刨、单线刨等多种。

1)中长刨:用于一般加工,粗加工表面,工艺要求一般的工件。

2)细长刨:用于精细加工,拼缝及工艺要求高的面板净光。

3)粗短刨:常用于刨削木材粗糙的表面。

4)细短刨:常用于刨削工艺要求较高的木材表面。

(2)手工刨的使用。

1)刨刃的调整。

安装刨刃时,先将刨刃与盖铁配合好,控制好两者刃口间距离,然后将它插入刨身中。刃口接近刨底,加上楔木,稍往下压,左手捏在刨底的左侧棱角中,大拇指质量捏住楔木、盖铁和刨刃,用锤校正刃口,使刃口露出刨屑槽。刃口露出多少是与刨削量成正比的,粗刨多一些,细刨少一些。检查刨刃的露出量,可用左手拿起刨来,底面向上,用单眼向后看去,就可以察觉。如果露出部分不适当,可以轻敲刨刃上端。如果露出太多,需要回进一些,就轻敲刨身尾部。如果刃口一角突出,只须轻敲刨刃同角的上端侧面即可。

2)推刨要点。

推刨时,左右手的食指伸出向前压住刨身,拇指压住刨刃的后部,其余各指及手掌紧捏手柄。刨身要放平,两手用力均匀。向前推刨时,两手大拇指需加大力量,两个食指略加压力,推至前端时,压力逐渐减小,至不用压力为止。退回时用手将刨身后部略微提起,以免刃口在木料面上拖磨,容易迟钝。刨长料时,应该是左脚在前,然后右脚跟上。

在刨长料前,要先看一下所刨的面是里材还是外材,一般情况里材较外材洁净,纹理清楚。如果是里材,应顺着树根到树梢的方向刨削,外材则应顺着树梢到树根的方向刨削。这样顺着木材纹理的方向,刨削比较省力。否则,容易"呛槎",既粗糙不平,又非常费力。

下刨时,刨底应该紧贴在木料表面上,开始不要把刨头翘起,刨到端头时,不要使刨头低下(俗称磕头)。否则,刨出来的木料表面,其中间部分就会凸出不平,这是初学者的通病,必须注意纠正。

3)刨具的修理。

① 刨刃的研磨:刨刃用久了,尤其是刨削硬质木料和有节疤的木料以后,很容易变钝或者缺口,因此需要研磨。

研磨刨刃时,用右手紧捏刨刃上端,左手的食指和中指紧压刨刃,使刨刃斜面与磨石密贴,在磨石中前后推动。磨时要勤浇水,及时冲去磨石上的泥浆;也不要总在一处磨,以保持磨石平整。刨刃与磨石间的夹角不要变动,以保证刨刃斜面平正。磨好后的刃锋,看起来是一条极细微的黑线(不应该是白线),刃口处发乌青色。刨刃斜面磨好后,将刨刃的两角在磨石上略磨几下,再将刨刃翻过来,平放在磨石上推磨两三下,以便磨去刃部的卷口。

对于缺陷较多的刨刃,可先用粗磨石磨,后在细磨石上磨。一般的刨刃,仅用细磨石或中细磨石研磨即可。

② 刨具的维护:敲刨身时要敲尾部,不能乱敲,打楔木也不能打得太紧,以免损坏刨身。刨子用完以后,应将底面朝上,不要乱丢。如果长期不用,应将刨刃退出。在使用时不能用手指去摸刃口或随便去试其锋利与否。要经常检查刨身是否平直,底面是否光滑,如果有问题,要及时修理。

5. 木锉刀及其使用

合理选用锉刀,对保证加工质量,提高工作效率和延长锉刀使用寿命有很大的影响。粗齿木锉刀:粗锉刀的齿距大、齿深,不易堵塞,适宜于粗加工(即加工余量大、精度等级和表面质量要求低)及较松软木料的锉削,以提高效率;细齿木锉刀:适宜对材质较硬的材料进行加工,在细加工时也常选用,以保证加工件的准确度。

锉刀锉削方向应与木纹垂直或成一定角度,由于锉刀的齿是向前排列的,即向前推锉时处于锉削(工作)状态,回锉时处于不锉削(非工作)状态,所以推锉时用力向下压,以完成锉削,但要避免上下摇晃,回锉时不用力,以免齿磨钝。

正确握持锉刀有助于提高锉削质量,木锉刀的握法:右手心抵着锉刀木柄的端头,大拇指放在锉刀木柄的上面,其余四指弯在木柄的下面,配合大拇指捏住锉刀木柄,左手则根据锉刀的大小和用力的轻重,可有多种姿势。

使用注意事项:

木锉刀不能用来锉金属材料,不能作橇棒或敲击工件;放置木锉刀时,不要使其露出工作台面,以防锉刀跌落伤脚;也不能把锉刀与锉刀叠放或锉刀与量具叠放。

6. 手工凿及其使用

手工凿是传统木工工艺中木结构结合的主要工具,用于凿眼、挖空、剔槽、铲削的制作方面。

（1）凿的种类。

凿一般有以下几种：

1）平凿：又称板凿，凿刃平整，用来凿方孔。规格有多种。

2）圆凿：有内圆凿和外圆凿两种，凿刃呈圆弧形，用来凿圆孔或圆弧形状，规格有多种。

3）斜刃凿：凿刃是倾斜的，用来倒棱或剔槽。

凿裤，是装凿柄的孔，要选锻造扎实整齐光滑无裂纹的。这样可以保证凿子的使用寿命。刃身部分要选齐整厚实的，刚性好和热处理好的，和刨刃的要求一个样。凿箍的铁圈要圆滑，略窄不易太宽，凿柄也需圆润光滑。

新购置的凿子，需要安装凿柄和凿箍。凿柄用硬木制成，一般长度为 130mm，其粗细比凿裤略粗或是相同即可。

安装时，把长 150mm 的方形木料，先对着凿裤的孔，用斧砍削出斜度，用铁柄刨刨圆修理光滑，严实地和底部顶实装入。反转另一端，按着凿箍的铁圈，砍削或是用铁柄刨修理圆滑，注意要略带一定的斜度装上凿箍，松紧合适。凿箍必须紧紧套好，套好后长出的木材端头，可用手工锯锯割齐平，然后用锤子击打铆紧。

凿箍，传统工艺中早时使用的是牛筋或是麻绳缠圈制作的。后来以铁匠煅打的铁圈作为凿箍使用，现在，可用一般为 ϕ20mm 左右的铁管，用钢锯锯出 4mm 厚的圆圈，再用钢锉锉磨齐整光滑，然后套在凿柄上使用。

（2）凿的使用。

打眼（又称凿孔、凿眼）前应先画好眼的墨线，木料放在垫木或工作凳上，打眼的面向上，人可坐在木料上面，如果木料短小，可以用脚踏牢。打眼时，左手紧握凿柄，将凿刃放在靠近身边的横线附近（约离横线 3～5mm），凿刃斜面向外。凿要拿垂直，用斧或锤着力地敲击凿顶，使凿刃垂直进入木料内，这时木料纤维被切断，再拔出凿子，把凿子移前一些斜向打一下，将木屑从孔中剔出。以后就如此反复打凿及剔出木屑，当凿到另一条线附近时，要把凿子反转过来，凿子垂直打下,剔出木屑。当孔深凿到木料厚度一半时,再修凿前后壁,但两根横线应留在木料上不要凿去。打全眼时(凿透孔),应先凿背面,到一半深,将木料翻身,从正面打凿,这样眼的四周不会产生撕裂现象。

(3)凿的修理。

凿子的磨砺和刨刃的磨砺方法基本一致,但因凿子的凿柄长,磨刃时要特别注意平行往复前后推拉,用力均匀,姿势正确。千万不能一上一下,使刀面形成弧形。磨好的刃,刃部锋利,刃背平直,刃面齐整明亮,不得有凸棱和凸圆出现的状况。

7. 锤子及其使用

木工通常使用羊角锤作敲击工具,羊角锤又可用来拔钉。通常用钉冲将钉子冲入木料中。

8. 木砂纸及其使用

砂纸。可分为干砂纸、水砂纸和砂布等。干砂纸用于磨光木件,水砂纸用地沾水打磨物件,砂布多用于打磨金属件,也可用于木结构。每一道工序所使用的砂纸目数是有工艺要求的。

为了得到光洁平整的加工面,可将砂纸包在平整的木块(或其他平面)上,并顺着纹路进行砂磨,用力要均匀先重后轻,并选择合适的砂纸进行打磨。通常先用粗砂纸,后用细砂纸。当砂纸受潮变软时,可在火上烤一下再用。

二、木工机械

木工机械的类型很多,锯割类机械有带锯机、圆锯机、吊截锯、手推电锯等,其中圆锯机最常用;刨削类机械有平刨、压刨、多用刨光机等,其中平刨最常用;其他还有木工钻床、木工铣床、开榫机、刀具磨修用的砂轮机等。下面分别介绍圆锯机、平刨、木工钻床的构造和基本操作方法。

(一)圆锯机的构造与操作

1. 圆锯机的构造

圆锯机是利用圆锯片锯切木材,其结构简单、效率较高,是木材机械加工中最基本的设备之一。

按切削刀具的加工特征分为:纵锯圆锯机(对木材纵向锯切)、横锯圆锯机(对毛料进行横向截断)、万能圆锯机。其中纵剖圆锯机又包含手工进料纵剖圆锯机、机械进料纵剖圆锯机(单/双/多);横截圆锯机又包含普通横截锯(吊截锯/脚踏锯)(刀架直线运动横截锯)、精截锯;万能圆锯机又包含摇臂式万能圆锯机、台式万能圆锯机。

按加工工艺及用途分为:原木圆锯机、再剖圆锯机、裁边圆锯机、精密裁板锯。

按锯机中安装圆锯片的数量分:单片锯、双锯片圆锯机、多片锯(主要用于纵向锯切板、方材,同时还可以对胶合板、纤维板、刨花板等进行规格配料)。

按进给方式分:机械进给圆锯机、推台圆锯机、手工进给圆锯机。

几种典型的圆锯机结构如下:

(1)手工进给纵锯圆锯机(见图3-5)。

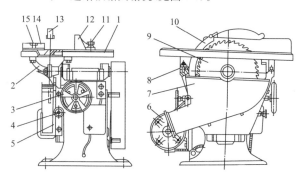

图3-5 手工进给纵锯圆锯机示意图

1—工作台;2—圆弧形滑座;3—手轮;4、8、11、15—锁紧螺钉;5—垂直溜板;
6—电动机;7—排屑罩;9—锯片;10—导向分离刀;12—纵向导尺;
13—防护罩;14—横向导尺

(2)履带进给纵锯圆锯机示意图(见图3-6)。

(3)双圆锯片裁边辊筒进给原理图(见图3-7)。

(4)吊截锯和脚踏横截锯(见图3-8)。

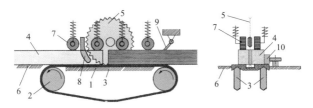

图 3-6　履带进给锯圆锯机示意图

1—履带；2—主动轮；3—导轨；4—工件；5—锯片；6—工作台；

7—上压紧轮；8—劈刀；9—止逆器；10—导尺

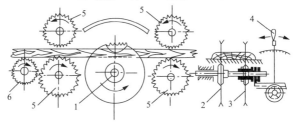

图 3-7　双圆锯片裁边辊筒进给原理图

1—锯轴；2—固定锯片；3—可动锯片；4—操纵手柄；5—齿形进给滚筒；

6—辅助滚筒

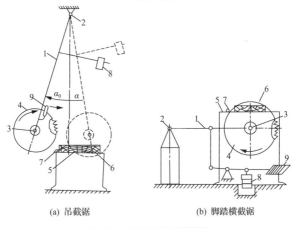

(a) 吊截锯　　　　　　　　　　(b) 脚踏横截锯

图 3-8　吊截锯和脚踏横截锯

1—摆动框架；2—铰支点；3—锯轴；4—锯片；5—工作台；6—工件；

7—导尺；8—配重；9—拉手(踏板)

（5）刀架直线运动横截锯（液压）（见图3-9）。

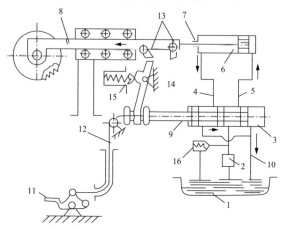

图3-9　刀架直线运动横截锯（液压）

1—油箱；2—油泵；3—三位四通换向阀；4、5、10—油管；6—油缸；7—活塞杆；
8—刀架；9—阀芯；11—踏板；12—钢丝绳；13—挡块；14—摆杆座；
15—定位器；16—溢流阀

（6）链条挡块进给横截锯（见图3-10）。

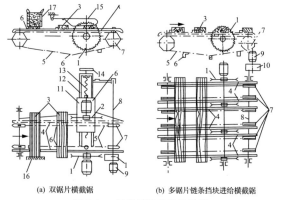

(a) 双锯片横截锯　　　　　(b) 多锯片链条挡块进给横截锯

图3-10　链条挡块进给横截据

1—固定锯片；2—可动锯片；3—工件；4、12—导轨；5—链条；6、16—挡块；
7—主动链轮；8—轴；9—电机；10—变速箱；11—溜板；13—螺杆副；
14—手轮；15—压紧器；17—给料箱

（7）万能圆锯机（见图3-11）。

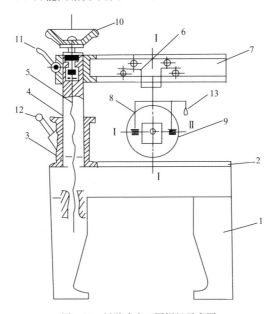

图 3-11　摇臂式木工圆锯机示意图

1—床身；2—工作台；3—套筒；4—立柱；5—丝杆；6—复式刀架；7—摇臂横梁；
8—托架；9—锯片；10—手轮；11、12、13—手柄

（8）多片锯圆锯机（见图3-12、图3-13）。

1）单锯轴多锯片圆锯机。

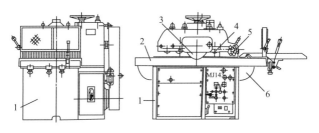

图 3-12　MJ143 型多锯片圆锯机

1—床身；2—工作台；3—锯割机构；4—压料辊；5—止逆爪；6—进给机构

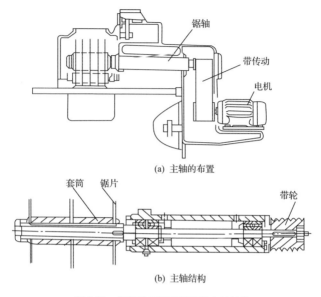

(a) 主轴的布置

(b) 主轴结构

图 3-13　单锯轴多锯片圆锯机主轴结构

2）双轴多锯片圆锯机（见图 3-14）。

双轴多锯片圆锯机与普通多锯片圆锯机的不同之处就是由上下两根锯轴同时承担锯切任务，即由上下两组小直径锯片取代一组大直径锯片，通常上锯轴略靠近料端，下锯轴

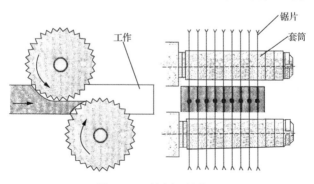

图 3-14　双轴多锯片圆锯机

略靠近出料端。上下锯轴通常向相反的方向回转,上锯片的切削方向于进给方向相同,下锯片则与进给方向相反,目的是使上、下两组锯片对木材的切削力基本平衡,以利于切割质量的提高。

(9)锯板机。

随着人造板工业的发展,尤其是板式家具的迅速崛起,加工大幅面板材的精度、效率、锯切方式日益提高。因此,各种用于板材下料的圆锯机迅速得到应用。

国家标准中关于锯机类有一组为锯板机。其中有带移动工作台的锯板机(MJ61),锯片往复运动的锯板机(MJ62),立式锯板机(MJ63)。此外,还有多锯片纵横锯板机。

1)下锯式立式木工锯板机(见图3-15)。

机床主要由机架、切削机构、进给机构、工作台、定位机构、气动压紧机构操作机构和电气控制系统等组成。

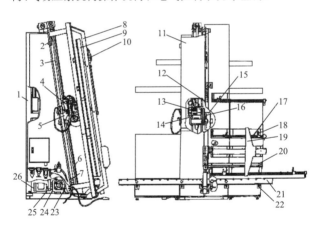

图3-15　下锯式立式木工锯板机

1—机架;2、7—形成开关;3—导轨;4—气缸;5—锯座溜板;6、23—链条;
8—压紧架;9—压板;10—压紧气缸;11—工作台;12、25—传动带;
13、26—电机;14—锯片平行度调节机构;15—防护罩;16—锯片;
17、20—标尺;18—挡板;19—垂直挡板;21—托料架;22—螺钉;
24—减速器

图 3-16 下锯式立式木工锯板机切削机构图

1—锯座溜板;2—气缸;3—锯架;4—主电机;5—皮带;6—锯片;

7—曲肘;8—曲柄

2) 上锯式立式木工锯板机(见图 3-17)。

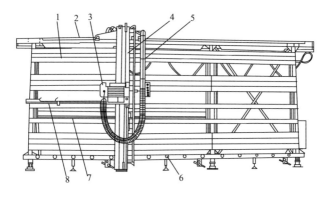

图 3-17 上锯式立式木工锯板机

1—机架;2—导轨;3—切削机构;4—锯切横梁;5—除尘管;6—支撑块;

7—附件;8—挡块

3) 带移动工作台木工锯板机(见图 3-18)。

带移动工作台锯板机应用广泛,不仅能用作软、硬材实木、胶合板、纤维板、刨花板以及用薄木、纸、塑料、有色金属薄膜或涂饰油漆装饰后板材的纵切横截或成角度的锯切,以获得尺寸符合产品规格要求的板材;同时还可用于各种塑料板、绝缘板、薄铝板和铝型材等切割,有的机床还附设有铣削刀轴,可进行宽度在 30~50mm 之内的沟槽或企口的加工、这类机床的回转件都经过了动平衡,仅需放在平整的地面上;加工时,工件放在移动工作台上,手工推送工作台,使工件实现进给,操作方便,机动灵活。

机床主要由床身、固定工作台、移动工作台、切削机构、导向装置、防护和洗尘装置等组成。

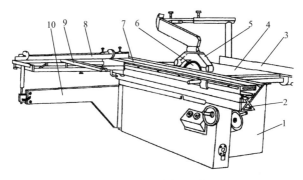

图 3-18　带移动工作台木工锯板机

1—床身;2—支撑座;3、8—导向靠板;4—固定工作台;5—防护及吸尘装置;
6—锯切机构;7—纵向移动工作台;9—横向移动工作台;10—伸缩臂

4) 锯片往复木工锯板机。

锯片往复式锯板机具有通用性强、生产率高、原材料省、锯切质量好、精度高、易于实现自动化和电脑控制,可用两台或数台机床进行组合,并可纳入板件自动生产线等特点。机床以最大加工长度作为主参数,其范围在 1500~6500mm,我国行业标准《锯片往复式木工锯板机　参数》(JB/T 9949—2014)规定了 2000mm、2500mm、3150mm 三个规格。机床的操作和控制包括装卸和工件进给等,有手工方式、机械方式及利用电子程序装置和微机控制等方式。机床切削速度较高,并设有主锯片、副锯片,实行预裁口,有较高的锯切精度,一般锯切面的直线度为 0.1～0.5mm。

锯片往复木工锯板机的结构:主要由床身、工作台、切削机构、进给机构、压紧机构、定位器以及电气控制系统组成。

图 3-19 为机床结构图,图 3-20 为机床的工作循环,图 3-21 为机床的切削机构与进给机构图。

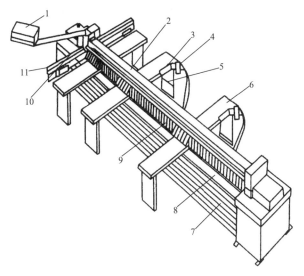

图 3-19　机床结构图

1—操作面板;2—压紧机构;3—延伸挡板;4、10—定位器;5—导槽;
6—后支撑台;7—床身;8—工作台;9—防护栅栏;11—导板

2. 圆锯片

锯片的规格见表 3-6。圆锯片的齿形分纵割齿和横割齿两种(见图 3-22)。纵割齿的圆锯片主要用于纵向锯割木材,也可用于横向截断;横割齿的圆锯片用于横截,锯割速度较慢。圆锯片的齿形角度见表 3-7。

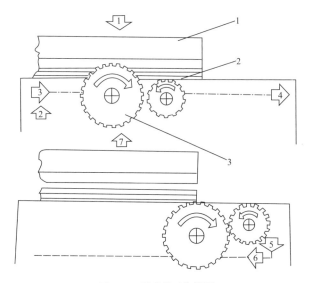

图 3-20 机床的工作循环

1—压梁下降压紧工件；2—起动主、副锯片电机并提升锯架；3—进给电机工作
实现锯切行走；4—至规定或末端位置时停止进给；5—锯架下降；
6—进给电机反向切削机构返回；7—同时压梁上升，复位

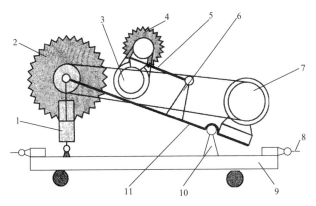

图 3-21 机床的切削机构与进给机构图

1—气缸；2—主锯片；3—划线锯电机；4—划线锯；5、11—锯架；
6、10—支座；7—主电机；8—链条；9—小车

表 3-6　　　　　　　　　　　普通平面圆锯片规格

外径 /mm	厚度/mm				齿数		孔径/mm	硬度 HRC
	1	2	3	4	纵割	横割	25	44～48
350	1.4	1.6	1.8	2.0	80	100	25	44～48
400	1.4	1.6	1.8	2.0	80	100	25	44～48
450	1.4	1.6	1.8	2.0	80	100	35	44～48
500	1.6	1.8	2.0	2.2	72	100	35	44～48
550	1.6	1.8	2.0	2.2	72	100	35	44～48
600	1.6	1.8	2.0	2.2	72	100	35	44～48
650	1.8	2.0	2.2	2.4	72	100	35	44～48
700	1.8	2.0	2.2	2.4	72	100	35	44～48
750	2.2	2.4	2.6	2.8	72	100	35	44～48
800	2.2	2.4	2.6	2.8	72	100	35	44～48

注：本表按常用规格选列，如使用需要也有 150～300mm 小直径锯片及 850～1000mm 大直径锯片可供选用。

纵割齿　　　　　　　　　　　　横割齿

图 3-22　圆锯片齿形

α—齿后角；β—齿顶角；γ—齿前角；h—齿高；t—齿距

表 3-7　　　　　　　　　　　圆锯片齿形角度

锯割用途	齿形角度			齿高 h	齿距 t
	α	β	γ		
纵割	30°～45°		15°～20°	$(0.5～0.7)t$	$(8～14)s$
横割	35°～45°	45°～55°	5°～10°	$(0.9～1.2)t$	$(7～10)s$

注：表中 s 为锯片厚度。

　　为了防止锯片被夹住，圆锯片的锯齿也需拨料，用拨料器或锤打的方法进行，每侧的拨料量一般为 0.2～0.8mm，软材、湿材取较大值。拨料的折弯点应在齿高的一半以上，厚锯片约为齿高的 1/3 处,薄锯片为 1/4 处。

圆锯片锯齿锉伐,可用普通砂轮机手工操作。砂轮选用要适当以砂轮能在齿刃间通过而不会磨锉相邻齿的齿背为宜。

3. 圆锯机的基本操作

安装锯片前,应检查锯片是否有断齿或裂口现象;锯片安装应与主轴同心,锯片内孔与轴的间隙应小于 0.2mm,否则,离心力会使锯片旋转时摆动;法兰盘的夹紧面必须平整,并垂直于主轴的旋转中心;锯片安装牢固后,装好防护罩及保险装置。

操作圆锯机需要两人配合进行,上手推料入锯,下手接拉锯。上手掌握木料一端,紧靠导板,朝前直线送料;下手等料出台面边缘后,接拉后退,两人步调一致。

进料速度根据木料软硬程度、木节情况灵活掌握。木料夹锯时,应立即关掉电机,在电锯口处插入木楔扩大锯路后再锯。

为了避免锯割时锯片摩擦发热产生变形,可在台面下方锯片两侧装一对冷水管喷水降温。

圆锯机的轴承和锯轴容易损坏,操作人员应经常检查和加润滑油。

(二)单刨的构造与操作

平刨又名手压刨,用来刨削木料的平面,也可调整导板,更换刀具,加设模具后刨削斜面或曲面。

1. 平刨的构造

图 3-23 为平刨床的结构组成,它由机座、前后台面、刀轴、导板、台面升降机构、防护罩、电动机等组成。

前后工作台面均以偏心轴和机座连接。前工作台的右侧装有调整手把和刻度盘,扳动手把,通过偏心轴的转动,可以调整前台面高度,刻度盘反映调整幅度;后工作台面的右侧装有丝杠手轮,转动手轮可调整后台面的高低。导板装于工作台面右侧,可左右移动或倾斜一定角度。

平刨刨削木料,手压木料向前推进,若不小心容易伤手。

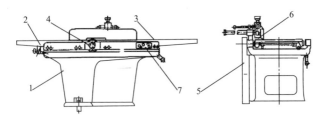

图 3-23　平刨床的结构组成

1—床身；2—后工作台；3—前工作台；4—主轴；5—驱动装置；6—导尺

平刨的安全防护装置有扇形罩、双护罩、护指键。

刨刀采用砂轮磨刀机磨修。磨修后的刨刀应锋利、角度正确、刀刃呈直线。刨刀刃口角度，刨软木材时以 35°～37°为宜，刨硬木材时以 37°～40°为宜。刨刀与砂轮的摩擦不宜过重，磨修时，注意防止刨刀过热退火，无冷却装置的用冷水浇注退热。

安装刨刀，需精确地调整刀刃的位置，使各刀刃离转动中心的距离完全一致。

2. 平刨的操作

平刨刨削木料前，先调整工作台面。后台面与刨刀旋转时的高度一致，前台面比后台面略低，一般低 1～2.5mm；校对导板与台面是否垂直；检查要刨的木料，清除料面上的灰浆和钉子；试车 1～3min。

操作时，人站在工作台左侧，左脚在前，右脚在后，左手按压木料，右手均匀推送。当右手距刨刀口 150mm 时松手，由左手推送。遇到木节、木质较硬或纹理不顺时，应减慢推送速度。刨削长 400mm、厚 30mm 以下的短料、薄板时分别用推棍、推板推送。长 300mm、厚 20mm 以下的木料，不宜在平刨上刨削，以免伤手。

（三）木工钻床的构造与操作

钻床又名打眼机，钻床操作前，按所需直径装好钻头，试钻。钻孔时，开始要准、稳，孔形成后，逐渐加压，如发现片钻或钻头钻速减慢，立即停止钻机，抬起钻头检查。工作时，要经常对钻头加些机油润滑。一次钻透的孔,木料下面要加垫板。如果木料厚度大于钻头长度,先从木料反面钻 1/2 深度,翻转木料再从正面下钻打通。

第三节　木模板制作及质量标准

一、原木制材

原木的形态各异,而且还有木节、虫眼、裂纹和腐朽等缺陷,加工成板方材时,应量木取材,合理用料。

1. 原木制作方木

先在原木小头截面中央吊线锤画一条铅垂线,在中央铅垂线上找出一点,将铅垂线分成二等份;过这一点,用角尺画出一条水平线,在水平线上量出方木宽度(左右各半),吊线锤画出方木宽度边线;再在中央铅垂线上量出方木高度(上下各半),用角尺画出方木高度边线(见图 3-24)用同样的方

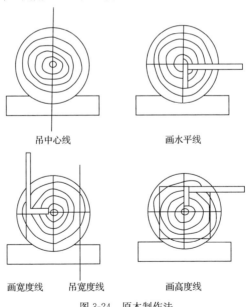

吊中心线　　　　　　　画水平线

画宽度线　　吊宽度线　　　　画高度线

图 3-24　原木制作法

法在大头端画出方木四条边线(注意不要动原木,以防两端边线扭转)。两端面画线后,连接两端面对应的棱角点,用墨斗弹出纵长墨线,依线锯割即可得到方木。

如原木直径较大,最好采取,"破心下料"(见图3-25),这样可消除因切向、径向两个方向收缩率不同而产生的裂纹。

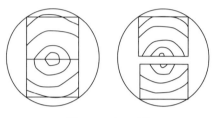

图 3-25　破心下料

2. 原木制作板材

制作板材,一般要用较平直的原木,在端截面上用线锤吊中央铅垂线,用角尺画出水平线,在水平线上按板材厚度(加上锯缝宽度),由截面中心向两边画平行线,用墨斗弹出纵长墨线,依线锯割。

原木锯解板材时,应注意年轮分布情况,使一块板材中的年轮疏密一致,以免发生变形。

原木制材要根据锯割和刨光的需要留出消耗量。锯缝消耗量 2~4mm。刨光消耗量:单面刨光约 1~1.5mm;双面刨光约 2~3mm(料长 2m 以上应加大 1mm)。

常用木材,按照不同的规格和支模情况分别计算,其允许荷载见表 3-8~表 3-11。表 3-8~表 3-11 中的木料是以红松的容许应力计算的。若采用东北落叶松,容许荷载可在此基础上提高 20%。圆木是以杉木计算的。

混凝土基础、柱、梁、板、墙采用木模板施工,配料见表 3-12~表 3-16。

木模板配制的具体要求有以下几点:

(1) 所用木料种类,应根据当地情况选用,其质量要达到 Ⅱ、Ⅲ 等材的标准。严重扭曲或脆性的木材不能使用。

过分潮湿的木材容易引起收缩、翘曲、开裂,也不宜使用。木材已腐朽或被白蚁蛀食的部分应剔除或将不能使用的部分截去。

（2）注意节约木材,考虑周转使用及以后改制使用。

（3）模板所用木材的规格,应根据不同部位的受力情况进行选择。一般情况下,厚 $20\sim25mm$ 的木板做侧模板,厚 $25\sim40mm$ 的木板做承重模板和大体积混凝土的模板;小方做木档,中方做横带,原木或方木做支撑。

表 3-8　　　　　　　　　　面板容许荷载 *q*　　　　　（单位：kN/m²）

支点间距	板厚 *b*/mm					图例
l/mm	20	25	30	40	50	
400	4	6	9	15		
450	3	5	7	12		
500	2.5	1	5	10	15	
550	2	3	4	8	13	
650		2	4	7	10	
700		2	3	5	8	
800			2	4	6	
900				3	5	
1000				2	4	
1200					2.5	

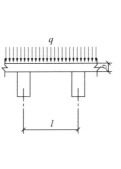

表 3-9　　　　　　　　　　木格栅容许荷载 *q*　　　　　（单位：kN/m）

跨距 *l*	断面 *b*×*h*(mm×mm)				图例
/mm	50×50	50×70	50×100	80×100	
700	4	8	13	22	
800	3	6	12	19	
900	2.5	4.7	9.5	15.5	
1000	2	4	9.5	12.5	
1200	1.3	2.7	8	8.5	
1500	0.9	1.7	5.5	5.5	
2000	0.5	1	2	3.1	

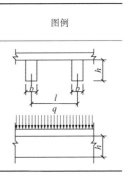

表 3-10　　　　　　　　　　　　牵杠容许荷载　　　　　　　　　（单位：kN/m）

跨距 /mm	断面(方材 $b \times h$ 或原木 ϕ) /(mm×mm)或 mm						图例
	50× 100	50× 120	70× 150	70× 200	$\phi120$	$\phi120$	
700	8	11.5	25	38	16	15	
1000	4	5.5	12	22	8	7	
1200	2.7	2.5	8.5	15	5.5	5	
1500	1.7	2.5	5.5	9.5	3.5	3	
2000	1	1.5	3	8.5	2	1.8	
2500			2	3.5			

表 3-11　　　　　　　　　　　　支柱容许荷载　　　　　　　　　（单位：kN/m）

高度 H/mm	断面(方材 $a \times b$ 或圆木 ϕ)/(mm×mm)或 mm						图例
	80× 100	100× 100	150× 150	80	100	120	
2000	35	55	200		38	70	
3000	15	30	150	15	17	35	
4000	10	20	90	7	10	20	
5000		10	55	4	6.5	15	
6000			40			10	

（4）拼制模板的板条宽度不宜超过 200mm，因过宽的板条在干湿不均情况下，容易产生过大的翘曲。板条侧面应刨直刨平，使拼缝严密，缝隙应不大于 1.5mm。

（5）用木档拼装模板时，在每块板条的横档上至少要钉 2 个钉子，钉子要有足够的长度。每块板条的第一个钉子要朝前一块的方向斜钉，使拼缝严密，第二个钉子可以垂直板条钉下。板条的接头安排在木档处，并注意错开布置。

表 3-12　　　　　　　　　基 础 模 板 配 料

基础高度 /mm	木档间距/mm	木档截面 /(mm×mm)	备注
	(模板厚 25mm,机械振捣)		
300	500	50×50	
400	500	50×50	
500	500	50×75	木档立摆
600	400～500	50×75	
700	400～500	50×75	

表 3-13　　　　　　　　　矩 形 柱 模 板 配 料

柱子断面 /mm	横档间距/mm	横档断面 /(mm×mm)	备注
	柱子模板厚 50mm、门子板厚 25mm		
300×300	450	50×50	
400×400	450	50×50	
500×500	400	50×75	横档立摆
600×600	400	50×75	横档立摆
700×700	400	50×100	
800×800	400	50×100	

表 3-14　　　　　　　　　梁 模 板 配 料

梁高 /mm	梁侧板厚度不小于 25mm		梁底板厚度 40mm	
	木档间距/mm	木档断面/ (mm×mm)	支承点间距/mm	支承琵琶断面/ (mm×mm)
300	550	50×50	1250	50×100
400	500	50×50	1150	50×100
500	500	50×75 平摆	1050	50×100
600	450	50×75 立摆	1000	50×100
800	450	50×75 立摆	900	50×100
1000	400	50×100 立摆	850	50×100
1200	400	50×100 立摆	800	50×100

表 3-15 **板 模 板 配 料**

模板材料及间距	混凝土平台板厚度/mm	
	60~120	140~200
格栅断面/(mm×mm)	50×100	50×100
格栅间距/mm	500	400~500
底板厚度/mm	25	25
牵杠断面/(mm×mm)	70×150	70×200
牵杠掌间距/mm	1500	1300~1500
牵杠间距/mm	1200	1200

表 3-16   **墙 模 板 配 料**

模板材料及间距	墙厚	
	200mm 以下	200mm 以上
横板厚/mm	25	25
立档间距/mm	500	500
立档断面/(mm×mm)	50×100	50×100
横档间距/mm	1000	700
横档断面/(mm×mm)	1000×1000	100×100
加固拉条	用 8~10 号铅丝或 φ12~16 螺栓,纵横间距不大于 1m	

（6）模板配制好后,在模板背面注明编号与规格,分类堆放。

1）平面木模板。

水利水电工程混凝土施工,过去多采用小型标准木模板,其构造如图 3-26 所示。结构物某些部位需要采用木模板镶补,应根据现场情况,拟定支模方案,根据图纸尺寸进行配制。

2）曲面木模板。

曲面模板分两类,一类是断面形状、尺寸沿纵方向不变的曲面模板,另一类是断面形状、尺寸沿纵方向变化的曲面模板或者是由几种平面、曲面组合而成的曲面模板。

闸墩圆头、圆形水池池壁、隧洞顶拱、U 形渡槽槽身等结

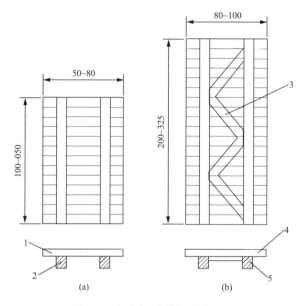

图 3-26　定型平面木模板(单位:cm)

1—面板,厚 2.5～3.0cm;2—板肋,5cm×15cm;3—斜撑,5cm×7cm～

5cm×10cm;4—面板,厚 2.5～4.0cm;5—板肋,6cm×14cm～8cm×15cm

构的模板属于第一类曲面模板,这类曲面模板的配制比平面模板稍微复杂一些,如图 3-27 和图 3-28 所示,板条长度方向与曲面纵方向一致。板条正面与反面宽度不同,以保证拼缝严密。横档靠面板的一侧加工成弧形,先通过计算制作出横档样板,然后按样板制作。

渐变段、尾水管的模板属于另一类曲面模板,这类曲面模板的配制更复杂一些,常采用放大样或计算结合放大样的方法配制。放大样是在平地上,按结构图用 1:1 的比例画出结构的实际形状和尺寸,量出各部分模板的准确尺寸或套制样板。

二、模板制作质量标准

加工好的模板,均应进行质量检验,检验合格后方能使用。

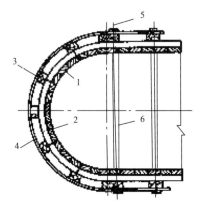

图 3-27　闸墩圆头模板

1—面板；2—板带；3—垂直围令；4—钢环；5—螺栓；6—撑管

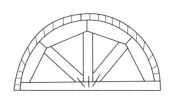

图 3-28　隧洞顶拱模板

制作模板的木料质量宜达到Ⅱ、Ⅲ等材的标准,不得有严重缺陷。制作的允许误差应符合模板设计规定,不得超过表 3-17 的规定。

表 3-17　　　　　　　模板制作的允许偏差

项次	偏差名称	允许偏差/mm
一、木模		
1	小型模板:长和宽	±3
2	大型模板(长、宽大于 3m):长和宽	±5
3	模板面平整度(未经刨光)	
	相邻两板面高差	1
	局部不平(用 2m 直尺检查)	5

项次	偏差名称	允许偏差/mm
4	面板缝隙	2
二、钢模		
5	模板长和宽	±2
6	模板面局部不平(用2m直尺检查)	2
7	连接配件的孔眼位置	±1

注：1. 异型模板(蜗壳、尾水管等)，滑动式、移动式模板，永久性模板等特种模板的允许偏差按模板设计文件规定执行；

2. 定型组合钢模板，可按有关规定执行。

第四章

模板的安装与拆除

第一节　模板安装要求

根据《水工混凝土施工规范》(SL 677—2014)和《水电水利工程模板施工规范》(DL/T 5110—2013)的相关规定,模板的安装要求如下:

(1) 模板安装前,应按设计图纸测量放样,重要结构应多设控制点,以利检查校正。

(2) 模板安装过程中,应经常保持足够的临时设施,以防倾覆。

(3) 支架应支承在坚实的地基或老混凝土上,并应有足够的支承面积;地基承载能力应满足支架传递荷载的要求,必要时应对地基进行加固处理。斜撑应防止滑动。竖向模板和支架的支承部分,当安装在基土上时应加设垫板,且基土应坚实并有排水措施。对湿陷性黄土应有防水措施;对冻胀性土应有防冻融措施。

(4) 支架立柱底地基承载力应按下列公式计算:

$$p = \frac{N}{A} \leqslant m_f f_{ak} \tag{4-1}$$

式中:p——立柱底垫木的底面平均压力;

N——上部立柱传至垫木顶面的轴向力设计值;

A——垫木底面面积;

m_f——立柱垫木地基土承载力折减系数,应按表 4-1 采用;

f_{ak}——地基土承载力设计值,应按现行国家标准《建筑地基基础设计规范》(GB 50007—2011)的规定或工程地质报告提供的数据采用。

表 4-1　　　　　　　地基土承载力折减系数

地基土类别	折减系数	
	支承在原土上时	支承在回填土上时
碎石土、砂土、多年填积土	0.8	0.4
粉土、黏土	0.9	0.5
岩石、混凝土	1.0	—

(5)现浇钢筋混凝土梁、板和孔洞顶部模板,跨度不小于4m时,模板应设置预拱;当结构设计无具体要求时,预拱高度宜为全跨长度的 1/1000～3/1000。

(6)模板的钢拉杆不应弯曲,拉杆直径宜大于 8mm,伸出混凝土外露面的拉杆宜采用端部可拆卸的结构型式,拉杆与锚固头应连接牢固。预埋在下层混凝土中的锚固件(螺栓、钢筋环等),承受荷载时,应有足够的锚固强度。

(7)模板与混凝土接触的面板,以及各块模板接缝处,应平整、密合,防止漏浆,保证混凝土表面的平整度和混凝土的密实性。

(8)建筑物分层施工时,应逐层校正下层偏差,模板下端应紧贴混凝土面,与已浇混凝土不应有错台和缝隙。

(9)模板与混凝土的接触面应涂刷脱模剂,并避免脱模剂污染或侵蚀钢筋和混凝土,不应采用影响结构性能或妨碍安装工程施工的脱模剂。

(10)模板安装的允许偏差,应根据结构物的安全、运行条件、经济和美观等要求确定。

1)大体积混凝土模板安装的允许偏差,应遵守表 4-2 的规定。

2)大体积混凝土以外的现浇结构模板安装的允许偏差,应遵守表 4-3 的规定。

3)预制构件模板安装的允许偏差,应遵守表 4-4 的规定。

4）高速水流区、流态复杂部位、机电设备安装部位的模板，还应符合有关设计要求。

5）永久性模板、滑动模板、移置模板、清水混凝土模板等特种模板，其模板安装的允许误差，按结构设计要求和模板设计要求执行。

表 4-2　　　大体积混凝土模板安装的允许偏差　（单位：mm）

项次	偏差项目		混凝土结构的部位	
			外露表面	隐蔽内面
1	面板平整度	相邻两面板错台	钢模，2； 木模，3	5
		局部不平 （用 2m 直尺检查）	钢模，3； 木模，5	10
2	板面缝隙		2	2
3	结构物边线与设计边线		内模板，−10～0； 外模板，0～+10	15
4	结构物水平截面内部尺寸		±20	
5	承重模板标高		0～+5	
6	预留孔、洞	中心线位置	±10	
		截面内部尺寸	−10	

注：外露表面、隐蔽内面系指相应模板的混凝土结构表面最终所处的位置。

表 4-3　　　　现浇结构模板安装的允许偏差　（单位：mm）

项次	偏差项目		允许偏差
1	轴线位置		5
	底模上表面标高		+5,0
2	截面内部尺寸	基础	±10
		柱、梁、墙	+4，−5
3	局部垂直	全高≤5m	6
		全高>5m	8
4	相邻两板面高差		2
	表面局部不平（用 2m 直尺检查）		5

表 4-4　　　　　**预制构件模板安装的允许偏差**　　（单位：mm）

项次	偏差项目		允许偏差
1	长度	板、梁	±5
		薄腹梁、桁架	±10
		柱	0，−10
		墙板	0，−5
2	宽度	板、墙板	0，−5
		梁、薄腹梁、桁架、柱	+2，−5
3	高度	板	+2，−3
		墙板	0，−5
		梁、薄腹梁、桁架、柱	+2，−5
4	板的对角线差		7
	墙板的对角线差		5
	相邻两板面高差		1
	板的表面平整（2m 长度上）		3
5	侧向弯曲	梁、柱、板	$L/1000$ 且 $\leqslant 15$
		墙板、薄腹梁、桁架	$L/1000$ 且 $\leqslant 15$

注：L 为构件长度。

（11）钢承重骨架的模板，应按设计位置可靠地固定在承重骨架上，以防止在运输及浇筑时错位。承重骨架安装前，宜先做试吊及承载试验。

（12）模板上严禁堆放超过设计荷载的材料及设备。混凝土浇筑时，应按模板设计荷载控制浇筑顺序、浇筑速度及施工荷载。应及时清除模板上的杂物。

（13）混凝土浇筑过程中，必须安排专人负责经常检查、调整模板的形状及位置，使其与设计线的偏差不超过模板安装允许偏差绝对值的 1.5 倍，并每班做好记录。对承重模板，应加强检查、维护；对重要部位的承重模板，还必须由有经验的人员进行监测。模板如有变形、位移，应立即采取措施，必要时停止混凝土浇筑。

（14）混凝土浇筑过程中，应随时监视混凝土下料情况，不得过于靠近模板下料、直接冲击模板;混凝土罐等机具不得撞击模板。

（15）对模板及其支架应定期维修。

第二节　定型组合钢模板

特别提示

定型组合钢模板安装注意事项

★模板安装时的准备工作，应符合下列要求:

(1)梁和楼板模板的支柱支设在土壤地面，遇松软土、回填土等时，应根据土质情况进行平整、夯实，并应采取防水、排水措施，同时应按规定在模板支撑立柱底部采用具有足够强度和刚度的垫板;

(2)竖向模板的安装底面应平整坚实、清理干净，并应采取定位措施;

(3)竖向模板应按施工设计要求预埋支承锚固件。

★模板工程的安装应符合下列要求:

(1)同一条拼缝上的U形卡，不宜向同一方向卡紧;

(2)墙两侧模板的对拉螺栓孔应平直相对，穿插螺栓时不得斜拉硬顶。钻孔应采用机具，不得用电、气焊灼孔;

(3)钢楞宜取用整根杆件，接头应错开设置，搭接长度不应少于200mm。

定型组合钢模板是一种工具式定型模板，由钢模板和配件组成，配件包括连接件和支承件。钢模板通过各种连接件和支承件可组合成多种尺寸、结构和几何形状的模板，以适应各种类型建筑物的梁、柱、板、墙、基础和设备等施工的需要，也可用其拼装成大模板、滑模、隧道模和台模等。

施工时可在现场直接组装，亦可预拼装成大块模板或构件模板用起重机吊运安装。

定型组合钢模板组装灵活，通用性强，拆装方便;每套钢模可重复使用 50～100 次;加工精度高，浇筑混凝土的质量好,成型后的混凝土尺寸准确,棱角整齐,表面光滑,可以节省装修用工。

一、定型组合钢模板构件

1. 钢模板

钢模板包括平面模板(P)、阳角模板(Y)、阴角模板(E)和连接角模(J)。

钢模板采用模数制设计,宽度模数以 50mm 进级(共有 100mm、150mm、200mm、250mm、300mm、350mm、400mm、450mm、500mm、550mm、600mm 十一种规格),长度为 150mm 进级(共有 450mm、600mm、750mm、900mm、1200mm、1500mm、1800mm 七种规格),可以适应横竖拼装成以 50mm 进级的任何尺寸的模板。

钢模板的规格和型号已做到标准化、系列化。用 P 代表平面模板,Y 代表阳角模板,E 代表阴角模板,J 代表连接角模。如型号为 P3015 的钢模板,P 表示平面模板,3015 表示宽×长为 300mm×1500mm。又如型号为 Y1015 的钢模板,Y 表示阳角模板,1015 表示宽×长为 100mm×1500mm。

(1)平面模板。

平面模板用于基础、墙体、梁、板、柱等各种结构的平面部位,它由面板和肋组成,肋上设有 U 形卡孔和插销孔,利用 U 形卡和 L 形插销等拼装成大块板,如图 4-1(a)所示。

(2)阳角模板。

阳角模板主要用于混凝土构件阳角,如图 4-1(b)所示。

(3)阴角模板。

阴角模板用于混凝土构件阴角,如内墙角、水池内角及梁板交接处阴角等,如图 4-1(c)所示。

(4)连接角模。

角模用于平模板作垂直连接构成阳角,如图 4-1(d)所示。

2. 连接件

定型组合钢模板的连接件包括 U 形卡、L 形插销、钩头螺栓、对拉螺栓、紧固螺栓和扣件等,如图 4-2 所示。

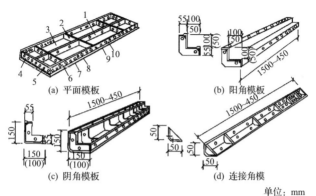

图 4-1　钢模板类型

1—中纵肋;2—中横肋;3—面板;4—横肋;5—插销孔;6—纵肋;7—凸棱;
8—凸鼓;9—U 形卡孔;10—钉子孔

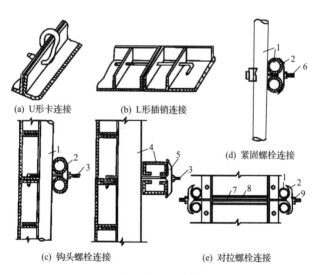

图 4-2　钢模板连接件

1—圆钢管钢楞;2—"3"形扣件;3—钩头螺栓;4—内卷边槽钢钢楞;
5—蝶形扣件;6—紧固螺栓;7—对拉螺栓;8—塑料套管;9—螺母

模板工程施工

（1）U形卡：模板的主要连接件，用于相邻模板的拼装。

（2）L形插销：用于插入两块模板纵向连接处的插销孔内，以增强模板纵向接头处的刚度。

（3）钩头螺栓：连接模板与支撑系统的连接件。

（4）紧固螺栓：用于内、外钢楞之间的连接件。

（5）对拉螺栓：又称穿墙螺栓，用于连接墙壁两侧模板，保持墙壁厚度，承受混凝土侧压力及水平荷载，使模板不致变形。

（6）扣件：扣件用于钢楞之间或钢楞与模板之间的扣紧，按钢楞的不同形状，分别采用蝶形扣件和"3"形扣件。

3. 支承件

定型组合钢模板的支承件包括柱箍、钢楞、支架、斜撑及钢桁架等。

（1）钢楞。

钢楞即模板的横档和竖档，分内钢楞与外钢楞。内钢楞配置方向一般应与钢模板垂直，直接承受钢模板传来的荷载，其间距一般为 700～900mm。钢楞一般用圆钢管、矩形钢管、槽钢或内卷边槽钢，而以钢管用得较多。

（2）柱箍。

柱模板四角设角钢柱箍。角钢柱箍由两根互相焊成直角的角钢组成，用弯角螺栓及螺母拉紧，如图 4-3 所示。

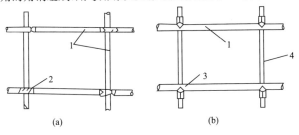

(a)   (b)

图 4-3　柱箍

1—圆钢管；2—直角扣件；3—"3"形扣件；4—对拉螺栓

（3）钢支架。

常用钢管支架如图 4-4(a)所示。它由内外两节钢管制成，其高低调节距模数为 100mm；支架底部除垫板外，均用木楔调整标高，以利于拆卸。

另一种钢管支架本身装有调节螺杆，能调节一个孔距的高度，使用方便，但成本略高，如图 4-4(b)所示。

当荷载较大、单根支架承载力不足时，可用组合钢支架或钢管井架，如图 4-4(c)所示。

还可用扣件式钢管脚手架、门型脚手架作支架，如图 4-4(d)所示。

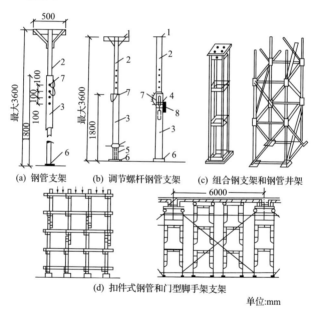

(a) 钢管支架　(b) 调节螺杆钢管支架　(c) 组合钢支架和钢管井架

(d) 扣件式钢管和门型脚手架支架

单位:mm

图 4-4　钢支架

1—顶板；2—插管；3—套管；4—转盘；5—螺杆；6—底板；7—插销；8—转动手柄

（4）斜撑。

由组合钢模板拼成的整片墙模或柱模，在吊装就位后，应由斜撑调整和固定其垂直位置，如图 4-5 所示。

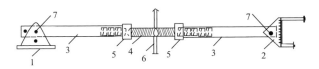

图 4-5 斜撑

1—底座;2—顶撑;3—钢管斜撑;4—花篮螺丝;5—螺母;6—旋杆;7—销钉

（5）钢桁架。

如图 4-6 所示,其两端可支承在钢筋托具、墙、梁侧模板的横档以及柱顶梁底横档上,以支承梁或板的模板。图 4-6（a）为整榀式,图 4-6（b）为组合式。

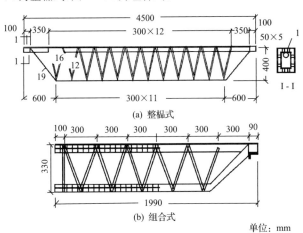

(a) 整榀式

(b) 组合式

单位：mm

图 4-6　钢桁架

（6）梁卡具。

梁卡具又称梁托架,用于固定矩形梁、圈梁等模板的侧模板,可节约斜撑等材料,也可用于侧模板上口的卡固定位,如图 4-7 所示。

二、定型组合钢模板拼板设计

对于定型组合钢模板的拼板设计,《组合钢模板技术规范》(GB/T 50214—2013)规定如下：

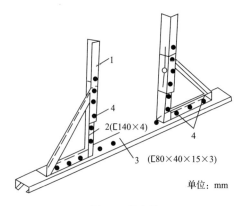

单位：mm

图 4-7　梁卡具
1—调节杆；2—三角架；3—底座；4—螺栓

1. 一般规定

（1）模板工程施工前，应根据结构施工图、施工总平面图及施工设备和材料供应等现场条件，编制模板工程专项施工方案，主要内容应列入工程项目的施工组织设计。属于超过一定规模的危险性较大的分部分项工程，应编制模板工程安全专项施工方案，必要时应由施工单位组织专家对专项方案进行论证。

（2）模板工程专项施工方案应包括下列内容：

1）工程简介、施工平面图布置、施工要求和具备的施工条件等。

2）相关法律、法规、规范性文件、标准、规范及图纸、施工组织设计等。

3）施工进度计划、材料与设备计划等。

4）技术参数、工艺流程、施工方法、检查验收等。

5）组织保障、安全技术措施、应急预案、监测监控等。

6）专职安全生产管理人员、特种作业人员等。

7）计算书、绘制配板设计图等。

（3）在采用组合轻型钢大模组拼时，应结合大模板施工工艺特点和工程情况，合理选择起重设备、模板类型，并应提出冬季和雨季施工技术措施。

（4）简单的模板工程可按预先编制的模板荷载等级和部件规格间距选用图表，以及绘制模板排列图及连接件与支承件布置图，并应对关键的部位做力学验算。

（5）钢模板周转使用宜采取下列措施：

1）宜分层分段流水作业；

2）竖向结构与横向结构宜分开施工；

3）宜利用有一定强度的混凝土结构支承上部模板结构；

4）宜采用预先组装大片模板的方式整体装拆；

5）宜采用各种可重复使用的整体模架。

2．刚度及强度验算

（1）组合钢模板承受的荷载，应按现行国家标准《混凝土结构工程施工质量验收规范》（GB 50204—2015）的有关规定进行计算。

（2）组成模板结构的钢模板、钢楞和支柱应采用组合荷载验算其刚度，其容许挠度应符合表 4-5 的规定。

表 4-5　　　　　钢模板及配件的容许挠度　　（单位：mm）

部件名称	容许挠度
钢模板的面板	1.50
单块钢模板	1.50
钢楞	$l/500$
柱箍	$b/500$
桁架	$l/100$

注：l 为计算跨度；b 为柱宽。

（3）组合钢模板所用材料的强度设计值，应按现行国家标准《钢结构设计规范》（GB 50017—2003）的有关规定执行，并应根据组合钢模板的新旧程度、荷载性质和结构不同部位，乘以系数 1.00～1.18。

（4）钢楞所用矩形钢管与内卷边槽钢的强度设计值，应按现行国家标准《冷弯薄壁型钢结构技术规范》（GB 50018—

2002)的有关规定执行;强度设计值不应提高。

(5) 当验算模板及支承系统在自重与风荷载作用下抗倾覆的稳定性时,抗倾覆系数不应小于 1.15。风荷载应按现行国家标准《建筑结构荷载规范》(GB 50009 2012)的有关规定执行。

3. 配板设计

(1) 配板时,宜选用大规格的钢模板为主板,其他规格的钢模板应作补充。

(2) 绘制配板图时,应标出钢模板的位置、规格、型号和数量。对于预组装的大模板,应标绘出其分界线。有特殊构造时,应加以标明。

(3) 预埋件和预留孔洞的位置,应在配板图上标明,并应注明其固定方法。

(4) 钢模板的配板,应根据配模面的形状和几何尺寸,以及支撑形式确定。

(5) 钢模板短向缝宜采用错开布置。

(6) 设置对拉螺栓或其他拉筋时,应采取减少和避免在钢模板上钻孔的措施。需要在钢模板上钻孔时,应使钻孔的模板能多次周转使用。

(7) 柱、梁、墙、板的各种模板面的交接部分。应采用连接简便、结构牢固的专用模板。

(8) 相邻钢模板的边肋,均应用 U 形卡插卡牢固,U 形卡的间距不应大于 300mm,端头接缝上的卡孔,应插上 U 形卡或 L 形插销。

4. 支承系统的设计

(1) 支承系统的设计与计算,应符合现行国家标准《混凝土结构工程施工质量验收规范》(GB 50204—2015)和《混凝土结构工程施工规范》(GB 50666—2011)的有关规定。

(2) 模板支承系统应根据设计承受的荷载,按部件的强度和刚度要求进行布置。内钢楞的配置方向应与钢模板长度的方向相垂直,内钢楞的间距应按荷载数值和钢模板的力学性能计算确定。外钢楞的配置方向应与内钢楞相垂直。

（3）内钢楞悬挑部分的端部挠度应与跨中挠度相等，悬挑长度不宜大于400mm，支柱应着力在外钢楞上。

（4）一般柱、梁模板，宜采用柱箍和梁卡具作支承件；断面较大的柱、梁、剪力墙，宜采用对拉螺栓和钢楞。

（5）模板端缝齐平布置时，每块钢模板应有两个支承点。错开布置时，其间距可不受端缝位置的限制。

（6）在同一工程中可多次使用的预组装模板，宜采用钢模板和支承系统连成整体的模架。整体模架可按结构部位及施工方式，采取不同的构造型式。

三、定型组合钢模板支立

1. 施工准备

（1）组合钢模板安装前，应向施工班组进行施工技术交底及安全技术交底，并应履行签字手续。有关施工及操作人员应熟悉施工图及模板工程的施工设计。

（2）施工现场应有可靠的能满足模板安装和检查需用的测量控制点。

（3）施工单位应对进场的模板、连接件、支承件等配件的产品合格证、生产许可证、检测报告进行复核，并应对其表面观感、重量等物理指标进行抽检。

（4）现场使用的模板及配件应对其规格、数量逐项清点和检查。损坏未经修复的部件不得使用。

（5）采用预组装模板施工时，模板的预组装应在组装平台或经平整处理过的场地上进行。组装完毕后应予编号，并应按表4-6的组装质量标准逐块检验后进行试吊，试吊完毕后应进行复查，并应再检查配件的数量、位置和紧固情况。

表4-6　　　　　　　钢模板施工组装质量标准　　　　（单位：mm）

项　目	允许偏差
两块模板之间拼接缝隙	≤2.00
相邻模板面的高低差	≤2.00
组装模板板面平面度	≤3.00（用2m长平尺检查）
组装模板板面的长宽尺寸	≤长度和宽度的1/1000，最大±4.00
组装模板两对角线长度差值	≤对角线长度的1/1000，最大≤7.00

（6）经检查合格的组装模板，应按照安装程序进行堆放或装车。平行叠放时应稳当妥帖，并应避免碰撞，每层之间应加垫木，模板与垫木均应上下对齐，底层模板应垫离地面不小于100mm。立放时，必须采取防止倾倒并保证稳定的措施，平装运输时，应整堆捆紧，防止摇晃摩擦。

（7）钢模板安装前，应涂刷脱模剂，但不得采用影响结构性能或妨碍装饰工程施工的脱模剂，在涂刷模板脱模剂时，不得沾污钢筋和混凝土接茬处，不得在模板上涂刷废机油。

（8）模板安装时的准备工作，应符合下列要求：

1）梁和楼板模板的支柱支设在土壤地面，遇松软土、回填土等时，应根据土质情况进行平整、夯实，并应采取防水、排水措施，同时应按规定在模板支撑立柱底部采用具有足够强度和刚度的垫板。

2）竖向模板的安装底面应平整坚实、清理干净，并应采取定位措施。

3）竖向模板应按施工设计要求预埋支承锚固件。

（9）在钢模板施工中，不得用钢板替代扣件、钢筋替代对拉螺栓，以及木方替代柱箍。

2. 定型组合钢模板的安装

（1）现场安装组合钢模板时，应符合下列规定：

1）应按配板图与施工说明书循序拼装。

2）配件应装插牢固。支柱和斜撑下的支承面应平整垫实，并应有足够的受压面积，支撑件应着力于外钢楞。

3）预埋件与预留孔洞应位置准确，并应安设牢固。

4）基础模板应支撑牢固，侧模斜撑的底部应加设垫木。

5）墙和柱子模板的底面应找平，下端应与事先做好的定位基准靠紧垫平。在墙、柱上继续安装模板时，模板应有可靠的支承点，其平直度应进行校正。

6）楼板模板支模时，应先完成一个格构的水平支撑及斜撑安装，再逐渐向外扩展。

7）墙柱与梁板同时施工时，应先支设墙柱模板调整固定后再在其上架设梁、板模板。

8）当墙柱混凝土已经浇筑完毕时，可利用已灌筑的混凝土结构来支承梁、板模板。

9）预组装墙模板吊装就位后，下端应垫平，并应紧靠定位基准；两侧模板均应利用斜撑调整和固定其垂直度。

10）支柱在高度方向所设的水平撑与剪力撑，应按构造与整体稳定性布置。

11）多层及高层建筑中，上下层对应的模板支柱应设置在同一竖向中心线上。

12）模板、钢筋及其他材料等施工荷载应均匀堆置，并应放平放稳。施工总荷载不得超过模板支承系统设计荷载要求。

13）模板支承系统应为独立的系统。不得与物料提升机、施工升降机、塔吊等起重设备钢结构架体机身及附着设施相连接；不得与施工脚手架、物料周转材料平台等架体相连接。

（2）模板工程的安装应符合下列要求：

1）同一条拼缝上的 U 形卡，不宜向同一方向卡紧。

2）墙两侧模板的对拉螺栓孔应平直相对，穿插螺栓时不得斜拉硬顶。钻孔应采用机具，不得用电、气焊灼孔。

3）钢楞宜取用整根杆件，接头应错开设置，搭接长度不应少于 200mm。

（3）模板安装的起拱、支模的方法、焊接钢筋骨架的安装、预埋件和预留孔洞的允许偏差、预组装模板安装的允许偏差，以及预制构件模板安装的允许偏差等，均应按现行国家标准《混凝土结构工程施工质量验收规范》（GB 50204—2015)的有关规定执行。

（4）曲面结构可用双曲可调模板，采用平面模板组装时，应使模板面与设计曲面的最大差值不超过设计的允许值。

（5）模板工程安装完毕，应经检查验收后再进行下道工序。混凝土的浇筑应按现行国家标准《混凝土结构工程施工质量验收规范》（GB 50204—2015)的有关规定执行。

第三节 竹(木)夹模板

一、竹胶合板模板

我国竹材资源丰富,且竹材具有生长快、生产周期短(一般 2~3 年成材)的特点。另外,一般竹材顺纹抗拉强度为 18N/mm²,为松木的 2.5 倍,红松的 1.5 倍;横纹抗压强度为 6~8N/mm²,是杉木的 1.5 倍,红松的 2.5 倍;静弯曲强度为 15~16N/mm²。因此,在我国木材资源短缺的情况下,以竹材为原料,制作混凝土模板用竹胶合板,具有收缩率小、膨胀率和吸水率低,以及承载能力大的特点。

1. 组成和构造

混凝土模板用竹胶合板,其面板与芯板所用材料既有不同,又有相同。不同的材料是芯板将竹子劈成竹条(称竹帘单板),宽 14~17mm,厚 3~5mm,在软化池中进行高温软化处理后,作烤青、烤黄、去竹衣及干燥等进一步处理。竹帘的编织可用人工或编织机编织。面板通常为编席单板,做法是竹子劈成蔑片,由编工编成竹席。表面板采用薄木胶合板。这样既可利用竹材资源,又可兼有木胶合板的表面平整度。

另外,也有采用竹编席作面板的,这种板材表面平整度较差,且胶黏剂用量较多。

竹胶合板断面构造,见图4-8。

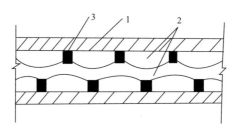

图 4-8　竹胶合板断面示意
1—竹席或薄木片面板;2—竹帘芯板;3—胶黏剂

为了提高竹胶合板的耐水性、耐磨性和耐碱性,经试验证明,竹胶合板表面进行环氧树脂涂面的耐碱性较好,进行瓷釉涂料涂面的综合效果最佳。

2. 规格和性能

(1) 规格。

我国国家标准《竹编胶合板》(GB/T 13123—2003)规定竹胶合板的规格见表4-7。

表 4-7　　　　　竹胶合板幅面尺寸及允许偏差　　　(单位:mm)

长度	偏差	宽度	偏差
1830		915	
2135	+5	1000	+5
2135		915	
2440		1220	

注:对特殊要求的板,经协议其幅面可以不受上述限制。

混凝土模板用竹胶合板的厚度常为 9mm、12mm、15mm。

（2）性能。

由于各地所产竹材的材质不同，同时又与胶黏剂的胶种、胶层厚度、涂胶均匀程度以及热固化压力等生产工艺有关，因此，竹胶合板的物理力学性能差异较大，其弹性模量变化范围为 $2\sim10\times10^3\ N/mm^2$。一般认为，密度大的竹胶合板，相应的静弯曲强度和弹性模量值也高。

二、木胶合板模板

木胶合板从材种分类可分为软木胶合板（材种为马尾松、黄花松、落叶松、红松等）及硬木胶合板（材种为椴木、桦木、水曲柳、黄杨木、泡桐木等）。从耐水性能划分，胶合板分为四类：

Ⅰ类——具有高耐水性，耐沸水性良好，所用胶黏剂为酚醛树脂胶黏剂（PF），主要用于室外；

Ⅱ类——耐水防潮胶合板，所用胶黏剂为三聚氰胺改性脲醛树脂胶黏剂（MUF），可用于高潮湿条件和室外；

Ⅲ类——防潮胶合板，胶黏剂为脲醛树脂胶黏剂（OF），用于室内；

Ⅳ类——不耐水，不耐潮，用血粉或豆粉黏合，近年已停产。

混凝土模板用的木胶合板属具有高耐气候、耐水性的Ⅰ类胶合板，胶黏剂为酚醛树脂胶，主要用克隆、阿必东、柳安、桦木、马尾松、云南松、落叶松等树种加工。

1. 构造和规格

（1）构造。

模板用的木胶合板通常由5、7、9、11层等奇数层单板经热压固化而胶合成型。相邻层的纹理方向相互垂直，通常最外层表板的纹理方向和胶合板板面的长向平行，因此，整张胶合板的长向为强方向，短向为弱方向，使用时必须加以注意。

（2）规格。

我国模板用木胶合板的规格尺寸，见表4-8。

表 4-8   模板用木胶合板规格尺寸

厚度/mm	层数	宽度/mm	长度/mm
12	至少 5 层	915	1830
15		1220	1830
18	至少 7 层	915	2135
		1220	2440

2. 胶合性能及承载力

（1）胶合性能。

模板用胶合板的胶黏剂主要是酚醛树脂。此类胶黏剂胶合强度高，耐水、耐热、耐腐蚀等性能良好，其突出的是耐沸水性能及耐久性优异。也有采用经化学改性的酚醛树脂胶。

评定胶合性能的指标主要有两项：

胶合强度——为初期胶合性能，指的是单板经胶合后完全粘牢，有足够的强度；

胶合耐久性——为长期胶合性能，指的是经过一定时期，仍保持胶合良好。

上述两项指标可通过胶合强度试验、沸水浸渍试验来判定。

国家标准《混凝土模板用胶合板》（GB/T 17656—2008）中，对混凝土模板用木胶合板的胶合强度规定，见表 4-9。

表 4-9   模板用胶合板的胶合强度指标值

树　种	胶合强度（单个试件指标值）/(N/mm²)
桦木	≥1.00
克隆、阿必东、马尾松、云南松、荷木、枫香	≥0.80
柳安、拟赤杨	≥0.70

施工单位在购买混凝土模板用胶合板时，首先要判别是否属于Ⅰ类胶合板，即判别该批胶合板是否采用了酚醛树脂胶或其他性能相当的胶黏剂。如果受试验条件限制，不能做

胶合强度试验时,可以用沸水煮小块试件快速简单判别。方法是从胶合板上锯截下 20mm 见方的小块,放在沸水中煮 0.5～1h。用酚醛树脂作为胶黏剂的试件煮后不会脱胶,而用脲醛树脂作为胶黏剂的试件煮后会脱胶。

(2) 承载力。

木胶合板的承载能力与胶合板的厚度、静弯曲强度以及弹性模量有关,表 4-10 为我国林业部规定的《混凝土模板用胶合板》(GB/T 17656—2008)标准。

表 4-10　模板用胶合板纵向弯曲强度和弹性模量指标

树　种	弹性模量/(N/mm²)	静弯曲强度/(N/mm²)
柳安	3.5×10^3	25
马尾松、云南松、落叶松	4.0×10^3	30
桦木、克隆、阿必东	4.5×10^3	35

由于生产胶合板的树种及产地各异,胶合板的力学性能也不稳定,表 4-10 中的数值,仅作指导生产厂用,不作使用单位对胶合板的考核指标。《钢框胶合板模板技术规程》(JGJ 96—2011)规定了混凝土模板用胶合板的主要技术性能,供参考(表 4-11)。

表 4-11　胶合板的静曲强度设计值和静曲弹性模量

(单位：N/mm²)

厚度 /mm	静曲强度设计值		静曲弹性模量		备注
	顺纹	横纹	顺纹	横纹	
12	19	17	4200	3150	1. 强度设计值＝强度标准值/1.55；
15	17	17	4200	3150	
18	15	17	3500	2800	2. 弹性模量应乘以 0.9 予以降低
21	13	14	3500	2800	

3. 使用注意事项

(1) 必须选用经过板面处理的胶合板。

未经板面处理的胶合板用作模板时,因混凝土硬化过程中,胶合板与混凝土界面上存在水泥与木材之间的结合力,使板面与混凝土黏结较牢,脱模时易将板面木纤维撕破,影响混凝土表面质量。这种现象随胶合板使用次数的增加而逐渐加重。

经覆膜罩面处理后的胶合板,增加了板面耐久性,脱模性能良好,外观平整光滑,最适用于有特殊要求的、混凝土外表面不加装饰处理的清水混凝土工程,如混凝土桥墩、立交桥、筒仓、烟囱以及塔等。

(2) 未经板面处理的胶合板,在使用前应对板面进行处理。处理的方法为冷涂刷涂料,把常温下固化的涂料胶涂刷在胶合板表面,构成保护膜。

(3) 经表面处理的胶合板,施工现场使用中,一般应注意以下几个问题:

1) 脱模后立即清洗板面浮浆,堆放整齐;

2) 模板拆除时,严禁抛扔,以免损伤板面处理层;

3) 胶合板边角应涂有封边胶,故应及时清除水泥浆。为了保护模板边角的封边胶,最好在支模时在模板拼缝处粘贴防水胶带,加以保护,防止漏浆;

4) 胶合板板面尽量不钻孔洞。遇有预留孔洞,可用普通木板拼补;

5) 现场应备有修补材料,以便对损伤的面板及时进行修补;

6) 使用前必须涂刷脱模剂。

三、钢框竹(木)夹模板

钢框竹(木)胶合板模板,是以热轧异型钢为钢框架,以覆面胶合板作板面,并加焊若干钢肋承托面板的一种组合式模板。面板有木、竹胶合板,单片木面竹芯胶合板等。板面施加的覆面层有热压三聚氰胺浸渍纸、热压薄膜、热压浸涂和涂料等。

品种系列(按钢框高度分)除与组合钢模板配套使用的55 系列(即钢框高 55mm,刚度小、易变形)外,现已发展有63、70、75、78、90 等,其支承系统各具特色。现行《钢框组合竹胶合板模板》(JG/T 428—2014)标准中,选定边框高度为 75mm。

钢框木(竹)胶合板的规格长度最长已达到 2400mm,宽度最宽已达到 1200mm。因此,具有自重轻、用钢量少、面积大,可以减少模板拼缝,提高结构浇筑后表面的质量和维修方便,面板损伤后可用修补剂修补等特点。

1. 材料及主要机具

(1) 钢框木(竹)胶合板块:长度为 900mm、1200mm、1500mm、1800mm 和 2400mm;宽度为 300mm、450mm、600mm 和 750mm。宽度为 100mm、150mm 和 200mm 的窄条,配以组合钢模板。

(2) 定型钢角模:阴角模 150mm×150mm×900mm(1200mm、1500mm、1800mm);阳角模 150mm×150mm×900mm(1200mm、1500mm、1800mm);可调阴角模 250mm×250mm×900mm(1200mm、1500mm、1800mm)及可调 T 形调节模板,L 形可调模板和连接角模等。

(3) 连接附件:U 形卡、扣件、紧固螺栓、钩头螺栓、L 形插销、穿墙螺栓、防水穿墙拉杆螺栓、柱模定型箍。

(4) 支撑系统:定型空腔龙骨。(桁架梁)、碗扣立杆、横杆、斜杆、双可调早拆翼托、单可调早拆翼托、立杆垫座、立杆可调底座、模板侧向支腿、木方。

(5) 脱模剂:水质隔离剂。

(6) 工具:铁木榔头、活动(套口)板子、水平尺、钢卷尺、托线板、轻便爬梯、脚手板、吊车等。

2. 作业条件

(1) 模板设计。

1) 确定所建工程的施工区、段划分。根据工程结构的形式、特点及现场条件,合理确定模板工程施工的流水区段,以减少模板投入,增加周转次数,均衡工序工程(钢筋、模板、混凝土工序)的作业量。

2) 确定结构模板平面施工总图。在总图中标志出各种构件的型号、位置、数量、尺寸、标高及相同或略加拼补即相同的构件的替代关系并编号,以减少配板的种类、数量和明确模板的替代流向与位置。

3）确定模板配板平面布置及支撑布置。根据总图对梁、板、柱等尺寸及编号设计出配板图，应标志出不同型号、尺寸单块模板平面布置，纵横龙骨规格、数量及排列尺寸；柱箍选用的形式及间距；支撑系统的竖向支撑、侧向支撑、横向拉接件的型号、间距。预制拼装时，还应绘制标志出组装定型的尺寸及其与周边的关系。

4）绘图与验算：在进行模板配板布置及支撑系统布置的基础上，要严格对其强度、刚度及稳定性进行验算，合格后要绘制全套模板设计图，其中包括：模板平面布置配板图、分块图、组装图、节点大样图、零件及非定型拼接件加工图。

（2）轴线、模板线（或模边界线）放线完毕。水平控制标高引测到预留插筋或其他过渡引测点，并办好预检手续。

（3）模板承垫底部，至模板内边线用 1：3 水泥砂浆，根据给定标高线准确找平。外墙、外柱的外边根部，根据标高线设置模板承垫木方，与找平砂浆上平交圈，以保证标高准确和不漏浆。

（4）设置模板（保护层）定位基准，即在墙、柱主筋上距地面 5～8cm，根据模板线，按保护层厚度焊接水平支杆，以防模板水平位移。

（5）柱子、墙、梁模板钢筋绑扎完毕；水电管线、预留洞。预埋件已安装完毕，绑好钢筋保护层垫块，并办完隐预检手续。

（6）预组拼装模板。

1）拼装模板的场地应夯实平整，条件允许时应设拼装操作平台。

2）按模板设计配板图进行拼装，所有卡件连接件应有效的固紧。

3）柱子、墙体模板在拼装时，应预留清扫口、振捣口。

4）组装完毕的模板，要按图纸要求检查其对角线、平整度、外形尺寸及紧固件数量是否有效、牢靠。并涂刷脱模剂，分规格堆放。

第四节 大 坝 模 板

大坝模板早期多使用小型木模板，为便于人力组装，一般面积在 $1m^2$ 左右，工效低，木材损耗大，已逐渐被淘汰。随着施工机械化程度的提高，尺寸较大的大模板逐步发展。如中国湖南镇水电站工程采用了 $6m \times 9m$ 大型钢、木、混凝土混合模板，以起重机吊装，工效提高8倍。也有的使用钢筋混凝土模板或混凝土重力式模板，作为坝体的一部分，不再拆除,并可起到表面保护作用。1980年中国为了节约木材,推广以钢模板代替木模板,应用定型组合钢模板,以钢悬臂梁或钢悬臂桁架支撑,可提高工效,减少仓内干扰。滑模技术在大坝施工中也获得一定程度的发展,在溢流面或溢洪道施工中使用较多,因其易于保证体型和表面平整。中国红石水电站工程使用软吸盘吸真空滑模,不仅减少了溢洪面裂缝,而且提高滑模速度,加强了溢流面耐久性与抗冲磨能力。

一、大坝模板的分类

大坝模板根据制作材料可分为木模板、钢模板、胶合板、塑料板、混凝土和钢筋混凝土预制模板等;根据架立和工作特征可分为固定式、拆移式、移动式和滑升式等。

固定式模板多用于起伏的基础部位或特殊的异形结构。如蜗壳或扭曲面,因大小不等,形状各异,难以重复使用。拆移式、移动式和滑动式可重复或连续在形状一致或变化不大的结构上使用,有利于实现标准化和系列化。下面选择几种常见的形式一一介绍。

1. 拆移式模板

拆移式模板(见图4-9)是一种常用模板,可做成定型的

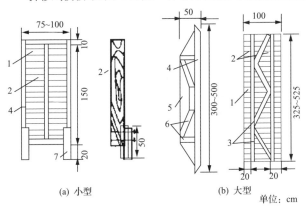

(a) 小型　　　　　　(b) 大型

单位: cm

图 4-9　拆移式模板

1—面板;2—肋木;3—加劲肋;4—方木;5—拉条;6—桁架木;7—支撑木

标准模板。其标准尺寸,大型的为 100cm×(325~525)cm,小型的为(75~100)cm×150cm。前者适用于 3~5m 高的浇筑块,需小型机具吊装;后者用于薄层浇筑,可人力搬运。

拆移式模板是在形状一致的各浇筑部位通用的,经移动(包括拆散移动和整体移动)而多次重复使用的模板。平面标准模板是应用最普遍的拆移式模板,它适用于浇筑块的大部分侧面。

架立模板的支架,常用围檩和桁架梁。桁架梁多用方木和钢筋制作。立模时,将桁架梁下端插入预埋在下层混凝土块内 U 形埋件中。当浇筑块薄时,上端用钢拉条对拉;当浇筑块大时,则采用斜拉条固定,以防模板变形。这种模板费工、费料,由于拉条的存在,有碍仓内施工。

一般标准木模板的重复利用次数即周转率为 5~10 次,而钢木混合模板的周转率为 30~50 次,木材消耗减少 90%以上,由于是大块组装和拆卸,故劳力、材料、费用大为降低。

2. 移动式模板

对定型的建筑物,根据建筑物外形轮廓特征,做一段定型模板,在支承钢架上装上行驶轮,沿建筑物长度方向或垂直方向分段移动,分段浇筑混凝土。

移动式模板多用钢模,作为浇筑混凝土墙和隧洞混凝土衬砌使用(图 4-10)。

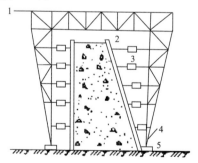

图 4-10 移动式模板浇筑混凝土墙

1—支承钢架;2—钢模板;3—花篮螺丝;4—行驶轮;5—轨道

3. 自升式模板

这种模板是由面板、围檩、支承桁架和爬杆等组成,其突出优点是自重轻,自升滑动装置具有力矩限制与行程控制功能,运行安全可靠,升程准确。

模板采用插挂式锚钩,简单实用,定位准,拆装快(图4-11)。

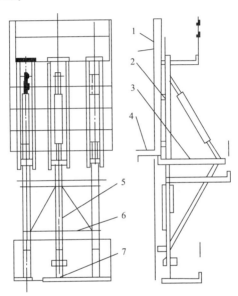

图 4-11 三桁架自升模板总体结构
1—面板;2—围檩;3—支承桁架;4—锚杆;5—爬杆;6—连接杆;7—工作平台

4. 滑升模板

这类模板的特点是在浇筑过程中,模板的面板紧贴混凝土面滑动,以适应混凝土连续浇筑的要求。

滑升模板避免了立模、拆模工作,提高了模板的利用率,同时省掉了接缝处理工作,使混凝土表面平整光洁,增强建筑物的整体性。

滑模通过围檩和提升架与主梁相连,再由支撑杆套管与支撑杆相连。由千斤顶顶托向前滑升,通过微调丝杆调节模板倾斜坡度,通过微调丝杆调整准确定位模板,而收分拉杆和收分千斤顶则是完成模板收分的设施。

为使模板上滑时新浇混凝土不致坍塌,要求新浇混凝土达到初凝,并具有 1.5×10^5 Pa 的强度。滑升速度受气温影响,当气温为 20~25℃时,平均滑升速度为 20~30cm/h。加速凝剂和采用低流态混凝土时,可提高滑升速度(图 4-12)。

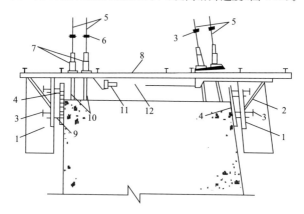

图 4-12 双面滑模结构示意图

1—提升架;2—调坡丝杆;3—微调丝杆;4—模板面板;5—支承杆;
6—限位调平器;7—千斤顶;8—次梁和主梁;9—围檩;10—支承杆套管;
11—收分千斤顶;12—收分拉杆

5. 混凝土及钢筋混凝土预制模板

它们既是模板,也是建筑物的护面结构,浇筑后作为建筑物的外壳,不予拆除。

混凝土模板靠自重稳定,可作直壁模板,也可作倒悬模板。直壁模板除面板外,还靠两肢等厚的肋墙维持其稳定。若将此模板反向安装,让肋墙置于仓外,在面板上涂以隔离剂,待新浇混凝土达到一定强度后,可拆除重复使用,这时,相邻仓位高程大体一致。倒悬式混凝土预制模板可取代传统的倒悬木模板,一次埋入现浇混凝土内不再拆除,既省工,又省木材。

钢筋混凝土模板既可作建筑物表面的镶面板,也可作厂房、空腹坝空腹和廊道顶拱的承重模板,这样避免了高架立模,既有利于施工安全,又有利于加快施工进度,节约材料,降低成本。

预制混凝土和钢筋混凝土模板重量均较大,常需起重设备起吊,所以在模板预制时都应预埋吊环供起吊用。对于不拆除的预制模板,对模板与新浇混凝土的接合面需进行凿毛处理(图 4-13)。

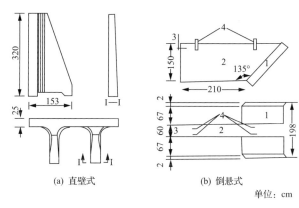

(a) 直壁式　　　　(b) 倒悬式

单位: cm

图 4-13　混凝土预制模板

1—面板;2—肋墙;3—连接预埋环;4—预埋吊环

二、大坝模板施工

1. 模板的安装

模板安装必须按设计图纸测量放样,对重要结构应多设控制点,以利检查校正。且应经常保持足够的固定设施,以防模板倾覆。

支架必须支承在稳固的地基或已凝固的混凝土上,并有足够的支承面积,防止滑动。支架的立柱必须在两个互相垂直的方向上,用撑拉杆固定,以确保稳定。

对于大体积混凝土浇筑块,成型后的偏差,不应超过模板安装允许偏差的 $50\%\sim100\%$,取值大小视结构物的重要性而定。

2. 模板的拆除

拆模时间应根据设计要求、气温和混凝土强度增长情况而定。对非承重模板,混凝土强度应达到 2.5MPa 以上,其表面和棱角不因拆模而损坏方可拆除。对于承重板,要求达到规定的混凝土设计强度的百分率后才能拆模。

提高模板使用的周转率,是降低模板成本的关键。

在拆除时应使用专门工具,减少对模板和混凝土的损伤,防止模板跌落。立模后,混凝土浇筑前,应在模板内表面涂以脱模剂,以利拆除。

对拆下的模板应及时清洗,除去模板面的水泥浆,分类妥为堆存,以备再用。

3. 模板支架的安全要求

模板及支架必须符合下列要求:

(1)保证混凝土浇筑后结构物的形状、尺寸与相互位置符合设计规定;

(2)具有足够的稳定性、刚度和强度;

(3)尽量做到标准化、系列化,装拆方便,周转次数高,有利于混凝土工程的机械化施工;

(4)模板表面应光洁平整,接缝严密、不漏浆,以保证混凝土表面的质量。

模板工程采用的材料及制作、安装等工序的成品均应进行质量检查,合格后,才能进行下一工序的施工。

重要结构物的模板,承重模板,移动式、滑动式、工具式及永久性的模板,均须进行模板设计,并提出对材料、制作、安装、使用及拆除工艺的具体要求。

除悬臂模板外,竖向模板与内倾模板都必须设置内部撑杆或外部拉杆,以保证模板的稳定性。

第五节　特殊部位的模板

一、进水口喇叭口顶板模板

进水口喇叭口顶板沿水流方向的剖面线一般设计为椭

圆曲线,距底板的高度较大。如果采用传统的支撑方法,需要支撑材料量较大,支模的工作量也大。为解决此问题,应该与设计单位协商,可以选择预制钢筋混凝土模板或钢结构承重构件挂装模板的方法。

预制钢筋混凝土模板可以采用倒 T 形梁,预制时采用整体底模有利于梁底面(即喇叭口的过水表面)成型准确。为了准确地安装倒 T 形梁,可以事先按喇叭口顶板设计曲线弯制工字钢或槽钢,经过测量放样,将其通过插筋固定在边墩及中墩已浇混凝土的上方,并对其进行加固,使其能够承受倒 T 形梁的自重。倒 T 形梁之间的缝隙必须妥善封堵,保证顶板过水表面平顺。

预制钢筋混凝土模板也可以采用矩形梁(见图 4-14)。预制时也应采用整体底模,自低部位开始逐个浇筑矩形梁,两个矩形梁之间须采用塑料布隔离。这种方法的优点是:预制梁体型简单,预制方便;逐个梁预制,两个梁之间不留空隙,节省一半侧模;安装矩形梁时定位方便,只要第一个梁安装位置准确,其他的矩形梁只要逐个靠紧即可。红石水电站进水口喇叭口顶板采用了预制混凝土矩形梁,效果很好。

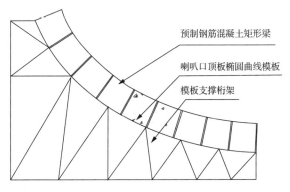

图 4-14　喇叭口顶板预制钢筋混凝土矩形梁模板

钢结构承重构架的方法(见图 4-15)也很方便,但钢材耗用量较大,造价较高。莲花水电站进水口喇叭口顶板支模采用了钢结构承重构架,对于加快进度效果明显。

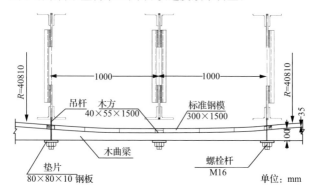

图 4-15 喇叭口顶板钢结构承重构架支模

二、键槽模板

混凝土坝横缝键槽模板通常采用梯形或三角形键槽。二滩拱坝横缝在国内首次使用了球面剪力键槽(见图 4-16)。键槽模采用 3mm 厚的钢板压制而成,球面开口直径 800mm。为了与大坝直立模板的尺寸相协调,键槽模板制作成 1m×1.2m 的矩形块,用螺钉固定在大坝直立模板的木质面板上,安装和拆卸都很方便。键槽模板随大坝直立模板一起由汽

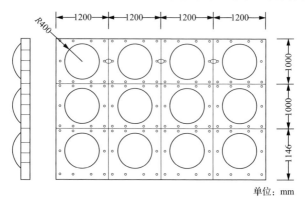

单位: mm

图 4-16 二滩拱坝球面键槽模板

车吊提升,立模和拆模速度快。由于钢板表面光滑,涂刷脱模剂后与混凝土的黏结力远比木板小,拆模后的球面键槽表面光滑且无损伤,接缝面的过渡比较平缓,可减少接缝灌浆过程中浆液流动的阻力,有利于保证灌浆质量。

东风水电站拱坝横缝键槽模板采用了与坝面悬臂模板相同的悬臂桁架结构,其面板为平面模板与圆弧键槽模板拼装组合而成(见图 4-17)。键槽可根据模板的不同使用部位,组成带上、下封头及通槽形三种缝面模板,以适应灌浆区段不同高程对立模的要求。

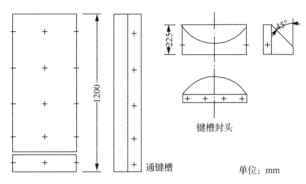

键槽封头

单位:mm

图 4-17 东风水电站拱坝键槽模板

三、牛腿模板

牛腿模板是一种常用的承重模板。在具备起吊能力的部位,可采用预制钢筋混凝土模板;在起吊条件差的部位,可采用现支钢模板或木模板。

重力式预制钢筋混凝土牛腿模板结构形式如图 4-18。

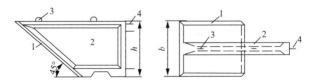

图 4-18 重力式预制钢筋混凝土牛腿模板
1—面板;2—肋;3—吊钩;4—拉条

预制钢筋混凝土牛腿模板也可以采用板式结构,其支撑方式采用内拉式。

现支牛腿钢模板及木模板的支撑方式可以采用外撑式,也可以采用内拉式。

四、溢流面模板

1. 现支模板

一般采用带有木曲梁的桁架支撑模板,材料耗用量较大。水口水电站大坝溢流面采用了曲面可变桁架立模(见图 4-19)。曲面可变桁架成形方便,装拆容易,施工效率高,材料消耗少。曲面可变桁架的尺寸为 250mm×500mm(高×长),每榀重 50kg。桁架由内、外弦杆、腹筋及连结件等组成。内弦杆通过节点板与腹筋焊接固定。外弦杆装在焊接于腹筋上的扣件内,松开扣件上的螺栓,外弦杆便可自由伸缩,以调节曲面的弧度;拧紧螺栓,外弦杆便被压紧、与腹杆固定,桁架形状被固定。曲面可变桁架用于单曲面立模,桁架间距约 1.5m,桁架下的钢支撑间距约 1m。桁架之间用 Φ48 钢管及扣件连接。桁架和钢支撑之间通过对接螺栓连接,对接螺栓的作用是在浇筑完混凝土之后便于拆除可变桁架。钢模板用钩头螺栓固定在桁架上。拆模时间一般掌握在混凝土初凝时,拆模后立即抹面并填平对接螺栓孔。

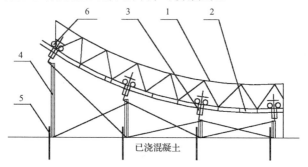

图 4-19 可变桁架模板

1—可变桁架;2—钢模板;3—对接螺栓;4—钢支撑;5—预埋钢筋;
6—连接钢管

2. 滑动模板

目前,溢流面混凝土浇筑采用滑动模板比较普遍,其优点是工效高、省材料,且混凝土入仓、平仓、振捣也较方便。滑模的移动轨迹由固定在两侧闸墩混凝土上的导轨决定,所以要求导轨的制作、安装精度不超过溢流面的尺寸允许偏差。浇筑混凝土时产生的混凝土侧压力和浮托力通过模板传递到支承梁、再通过支承梁传递到导轨。所以,要求模板、支承梁及导轨具有足够的强度和刚度,能够承受混凝土的侧压力及浮托力。

滑模的牵引方式一般有以下三种:

(1) 采用固定在溢流堰顶一期混凝土上的卷扬机,通过钢丝绳牵引模体;

(2) 将穿心千斤顶固定在溢流堰顶,抽拔固定在模体上的钢筋拉杆而牵引模体;

(3) 安装在模体上的液压爬钳沿导轨爬行,牵引模体。

五、尾水管模板

1. 尾水管结构简述

尾水管结构是指尾水管流道的外围结构,一般由锥管段、弯管段、扩散段组成,如图 4-20 所示。上段称锥管段,由于流速较高,一般都采用钢内衬,无需另做模板;下段称扩散段,其截面为矩形,宽度、高度呈直线变化,中间常有隔墩,上口与弯管段相联,其模板与一般平面模板设计相同;中段称弯管段,其形状由多种几何面组合而成,剖面呈肘弯形。

2. 尾水管模板结构及分类

一般将弯管段模板沿高度分为上下两段。上弯段上游侧为斜圆锥面,承受混凝土侧压力;上弯段的下游侧为圆环面和斜平面,模板承受混凝土侧压力和竖向荷载。下弯段的上游侧呈反弧状圆柱面和垂直圆柱面,模板承受混凝土的侧压力和浮托力;下弯段的下游侧为水平面和垂直面,模板承受侧压力和竖向荷载。

尾水管弯管段模板的结构类型较多,一般根据材料来源

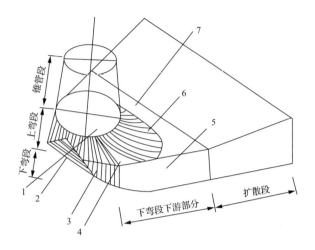

图 4-20 一般尾水管外形示意图

1—锥管里衬；2—水平圆柱；3—垂直圆柱；4—斜平面；5—垂直面；

6—圆环面；7—水平面

和施工单位的习惯与施工经验而定，以木结构居多。也有钢木混合结构。一般采用整体式模板和分层式模板。

（1）整体式模板。当弯管段的高度小于 4m 时，可以整体设计一次安装，可采用水平桁架加竖向支撑，其圆环面部位的骨架按辐射形排列，支承于格形梁系及立柱上；倒悬弧面模板等悬出部位，用支撑杆和拉条固定在已浇混凝土的埋件上。一般结构形式如图 4-21 所示。

（2）分层式模板。对于高度 5～8m 的弯管段模板，宜分两层制作与安装。第一层为倒悬弧面模板，其承重桁架垂直布置，并用水平梁连成整体，面板上留有活动仓口，底面可以不装模，以利混凝土下料、振捣和抹面。用支撑和拉条固定，以防模板浮动变形；第二层桁架按径向垂直布置，呈水平对撑，并与第一层支撑体系联为整体。此外还可设置中心体构架以加强模板的整体性。一般结构形式如图 4-22 所示。

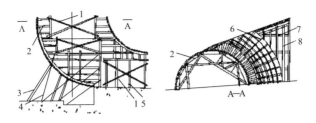

图 4-21　整体式弯管段模板结构示意图

1—剪力撑；2—框架；3—支撑杆；4—拉条；5—木杆；6—龙骨架；

7—主梁；8—次梁

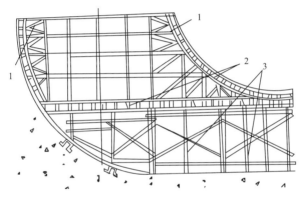

图 4-22　分层式弯管段模板结构示意图

1—垂直桁架；2—方木；3—方木柱

支撑结构除倒悬弧面模板外一般采用内部支撑体系，对于尺寸较大的弯管段可以多层外支撑体系。外支撑钢桁架按环向布置在已浇混凝土面的埋件上，用来支撑和固定模板，一层混凝土浇完后再装上一层的外支撑，各层外支撑钢桁架随混凝土浇筑而埋入其中。

3. 尾水管模板的制作和安装

采用尾水管整体式模板时，一般全部需要在加工厂内制作，制作完成后现场进行统一的一次吊装。一般根据当地的运输条件和吊装的具体要求，同时也考虑到制作方便，结合制作工艺,减少复杂的操作程序,可以将整个尾水管模板可分为1、2、3、4四部分构件,如图4-23所示。构件4即扩散段模板,它与一般平面模板设计相同,在现场搭设承重支撑系统安装面板,面板采用组合钢模搭配梯形补差木模板。支撑体系采用桁架或者满堂红承重架。构件1、2、3构成弯管段模板,它们在厂内分层加工,其中构件1、2不规则曲面较多,全部采用木面板和木骨架;构件3采用木骨架和部分木面板,铅垂侧面预留出规则位置安装钢模。构件1分为①、②、③三个组件,构件2分为④、⑤两个组件,构件3分为⑥、⑦两个组件。

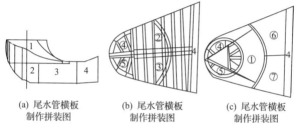

(a) 尾水管横板
制作拼装图

(b) 尾水管横板
制作拼装图

(c) 尾水管横板
制作拼装图

图4-23　尾水管模板各构件示意图

模板加工完成后在厂内进行整体试拼装,对接缝、错台进行修补。然后根据运输条件拆成若干组件,运至工地组装成构件等待安装。具备安装条件后,进行吊装就位,校正后进行加固,并在面板上铺钉薄铁皮,尾水管模板即安装完毕。

4. 施工工艺流程

制作工艺流程:模板设计→制作技术交底→制作放大样→制作样板→制作→厂内构件组装→厂内整体试拼装→修补→分拆成组件→运至工地等待吊装。

安装工艺流程:组件组装→测量放样→焊接承重架→吊装构件3→吊装构件2→对构件2焊顶撑加固→吊装构件1→测量、校正、加固→测量检测→铺钉薄铁皮→验收后进入下一道工序。

六、网状模板

网状模板是 1980 年代首先在英国研制成功的一次性模板。目前上海已引进生产一种网状模板，称为赫—瑞布（Ex-Pamet Hy—Rib）模板（见图 4-24）。

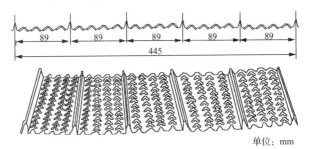

单位：mm

图 4-24　赫—瑞布模板

网状模板有以下特点：

（1）力学性能好。经测试，泵送混凝土从高度 5m 处浇筑时，网状模板可承受 $42kN/m^2$ 侧压力；

（2）模板的网孔可排除混凝土表层的空气及多余水分，开始浇筑时漏稀浆，很快就不漏浆，因此受到的混凝土侧压力小，仅为一般模板的 60%，因此可以节省支撑结构费用；

（3）混凝土成型界面为粗粒状，抗剪性好，适用于结构施工缝面，可减少拆模及凿毛等工序，缩短工期，并可保证后浇混凝土的质量；

（4）自重轻，容易加工；

（5）配筋穿过模板方便。

三峡、二滩、小浪底等大型工程已经使用了网状模板，均收到很好的效果。

第六节　模板拆除与维修

一、模板拆除

（1）现浇混凝土结构模板及其支架拆除时的混凝土强

度应符合设计要求。当设计无要求时，应符合下列规定：

1) 不承重的侧模板，包括梁、柱、墙的侧模板，只要混凝土强度能保证其表面及棱角不因拆除模板面受损时，即可进行拆除。

2) 承重模板，包括梁、板等水平结构构件的底模，应在与结构同条件养护的试块强度达到下列规定要求时，方可进行拆除。

① 悬臂板、梁跨度≤2m 为 70%；跨度>2m 为 100%。

② 其他梁、板、拱的跨度≤2m 时，要求达到设计强度的 50%；跨度为 2～8m 时，要求达到设计强度的 70%；跨度为 8m 以上，要求达到设计强度的 100%。

3) 后张预应力混凝土结构或构件模板的拆除，侧模应在预应力张拉前拆除，其混凝土强度达到侧模拆除条件即可。进行预应力张拉，必须待混凝土强度达到设计规定值后方可进行，底模必须在预应力张拉完毕后方能进行拆除。

4) 在拆模过程中，如发现结构混凝土强度实际并未达到要求，有影响结构安全的质量问题时，应暂停拆模，经妥善处理在实际强度达到要求后，方可继续拆除。

5) 已拆除模板及其支架的混凝土结构，应在混凝土强度达到设计的混凝土强度标准值后，才允许承受全部设计的使用荷载。

6) 拆除芯模或预留的内模时，应在混凝土强度能保证不发生塌陷和裂缝时，方可进行拆除。

（2）拆模之前必须要办理拆模申请手续，在同条件养护试块强度记录达到规定要求时，技术负责人方可批准拆模。

（3）冬期施工模板的拆除应遵守冬期施工的有关规定，其中主要是要考虑混凝土模板拆除后的保温养护；如果不能进行保温养护，必须暴露在大气中时，要充分考虑混凝土受冻的临界强度。

（4）对于大体积混凝土，除应满足混凝土强度要求外，还应考虑保温措施，拆模之后要保证混凝土内外温差不超过 20℃，以免发生温差裂缝。

（5）各类模板拆除的顺序和方法，应根据模板设计的要求进行。如果模板设计无具体要求时，可按先支的后拆，后支的先拆，先拆非承重的模板，后拆承重的模板及支架。

（6）模板不能采取猛撬以致大片塌落的方法进行拆除。

（7）拆除的模板必须随时进行清理，以免钉子扎脚，阻碍通行。

（8）拆模时下方不能有人停留或通行，拆模区应设警戒线，以防有人误入。

（9）拆除的模板向下运送传递时，一定要上下呼应。

（10）用起重机吊运拆除模板时，模板应堆码整齐并捆牢后，才可进行吊装。

二、模板维修保养

搞好模板的日常保养和维修工作，对于保证模板的使用功能，延长使用寿命，降低施工成本是非常重要的。

1. 日常保养要点

（1）模板进场后，应清除表面锈蚀，背面等处应刷好防锈漆，对拉螺栓等物件应上好机油；暂时不用的零配件应入库保存；常用零配件和工具应放在工具箱内保存。

（2）凡是与混凝土接触的部位，都应刷好脱模剂。脱模后应将板面灰渣清理干净，涂刷脱模剂后待用。

（3）在使用过程中及堆放时应避免碰撞，防止模板倾覆。

（4）拆模遇有困难时，不得用大锤砸和强力晃动，可在模板下部用撬棍撬动。支模时缝隙要严密，可在拼缝处粘贴海绵条等可以防止漏浆的物品。

（5）脱模时拆下来的零件要随手放入工具箱内，螺杆螺母要经常擦油润滑，防止锈蚀。

（6）当一个工程使用完毕在转运到新的工程之前，应进行一次彻底清理，零件要妥善保管，残缺丢失的要一次补齐，易损件要准备充足的备件。模板出现缺陷时要进行修理。

2. 模板的维修

模板翘曲、板面凹凸不平、焊缝开裂、护身栏杆弯折现象，是模板在使用中常出现的问题，可以参考下述方法进行维修。

（1）板面凹凸不平。

常见部位多发生在对拉螺栓周围,其原因是模板受力后板面受压过大,造成凹陷,或者塑料套管偏短,被穿墙螺栓的螺母挤压,造成板面刚度不够,受力后发生变形。

修理方法是:将模板卧放,板面向上,用磨石机将板面的砂浆和脱模剂打磨干净。板面凸出部位可用大锤砸平或用气焊烘烤后砸平。对拉螺栓孔处的凹陷,可在板面和纵向龙骨间放上花篮丝杠,拧紧螺母,把板面顶回原来的位置。整平后,在螺栓孔两侧加焊一道扁钢或角钢,以加强板面的刚度。对于因板面刚度差而出现的不平,应更换板面。

（2）焊缝开裂。

常发生在板面与横向龙骨和周边龙骨之间。板面拼缝处发生开焊时,应将缝隙内砂浆清理干净,然后用气焊边烤边砸,整平板面后再满补焊缝,然后用砂轮磨平。

周边开焊时,首先将砂浆灰渣清理干净,然后用卡子将板面与边框卡紧,进行补焊。

（3）模板翘曲。

多发生在模板四角部位,主要原因是施工中碰撞,或者是由于脱模困难,用大锤砸模板所造成的。修整时先用气焊烘烤,边烤边砸,使其恢复原状。

第五章

特 种 模 板

模板形式多种多样,除最常见的拆移式模板外,工程中也采用一些特种模板,如预制混凝土模板、压型钢板模板、滑模与拉模、隧洞钢模台车与针梁模板、清水混凝土模板等。

第一节 预制混凝土模板

特别提示

安装预制混凝土模板结构基本要求

★应确保工程结构和各构件的形状、尺寸及相对位置;

★具有足够的刚度、强度和稳定性,并能可靠地承受新浇筑混凝土的自重和其所产生的侧向压力以及施工中的其他荷载;

★构造简单,装拆方便,且便于钢筋的绑扎与安装,有利于混凝土的浇筑及养护;

★模板接缝严密,不得漏浆;

★预制混凝土模板选材合理、经济,以降低工程成本。

一、简介

预制混凝土模板是以混凝土或钢筋混凝土制成的预制板,安装在结构物表面,用以浇筑成型而不拆除的模板。预制混凝土模板,事先在预制厂预制好,运到现场安装,混凝土浇筑后模板不再拆除,它既是模板,又是建筑物的组成部分。

预制混凝土模板应严格控制制作尺寸及平整度,混凝土达到一定强度才能运输、吊装。模板在安装前,先按施工缝要求处理下层混凝土面;安装时,铺砂浆找平,以保证模板与下层混凝土牢固结合。模板与现浇混凝土的结合面,必须在浇筑混凝土以前加工成粗糙面,并清洗、湿润;浇筑时,保持结合面清洁,注意结合面附近混凝土的平仓振捣。

　　采用预制混凝土模板可减少普通模木材,简化浇筑前的准备工作,用于大体积混凝土施工,遇外界气温骤降,对混凝土可起保暖防寒的作用。缺点是施工缝较多,模板混凝土与浇筑混凝土之间的接缝面强度较低。在某些部位,采用预制混凝土模板,优点十分明显,如坝体廊道、竖井用预制混凝土模板,比木模板方便、经济;坝体倒悬部分、高孔口顶板采用预制混凝土模板,可节省大量承重排架。

　　大跨度的钢筋混凝土承重模板,例如混凝土坝坝内式厂房顶拱模板、进水口喇叭口段顶板模板、尾水管扩散段顶板模板等,其设计应满足建筑物的设计要求,配筋应征得设计单位同意。当需要分段预制时(例如大跨度拱模板),拼装措施必须可靠,保证其尺寸正确。吊点位置要经过计算确定。要采取合理的运输方法和吊装方式,验算起吊应力及吊装时的稳定性,避免在运输和吊装过程中造成预制混凝土模板的破坏。

　　要保证预制混凝土模板与现浇混凝土的可靠结合。必须将预制混凝土模板与现浇混凝土的结合面加工成粗糙面。当考虑预制混凝土模板与现浇混凝土形成叠合结构承受永久运行的荷载时,应在结合面设置结合筋(预埋在混凝土模板内)。

　　二、基本构造

　　预制混凝土模板一般作为永久性模板,外形尺寸及混凝土表面平整度必须达到设计要求。

　　根据《水电水利工程模板施工规范》(DL/T 5110—2013)的规定,当重力式竖向预制混凝土模板被用作永久模板时,一般要求:面板厚度大于 20cm;单位面积的重量 $G=$

每块模板自重/面板面积≥1.0t/m²;稳定特性值(即混凝土模板的重心到前趾的水平距离)X＝自重产生的稳定力矩/每块模板自重≥0.4m;抗倾覆及抗滑安全系数均应大于1.2。

李家峡水电站大坝坝面模板采用预制钢筋混凝土模板,其体形见图5-1。

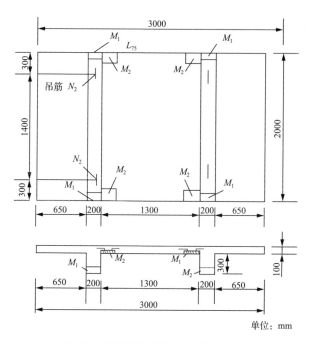

单位: mm

图 5-1　李家峡坝面预制钢筋混凝土模板

预制混凝土模板属于特种模板中的一种,同时预制混凝土模板又有很多种类,以下介绍各种不同类型的预制混凝土模板的基本构造。

1. 廊道模板

廊道模板可以采用木模板,在具备起吊能力的情况下,可采用预制钢筋混凝土整体式廊道模板。预制模板的混凝土强度等级一般采用 C25。预制模板的断面及配筋,需根据混凝土浇筑程序,经过计算确定,以保证预制模板能承受廊道周边混凝土施工产生的荷载。预制模板的配筋可代替廊道的原设计配筋。廊道交叉段需采用异型预制廊道模板,尺寸比较复杂,制作时须准确放样,安装时可用现支木模板对预制模板空出的部位补缺。跨横缝的廊道部位,应在横缝两边分别采用半边廊道预制模板。预制廊道模板安装时,应在内部做好底脚对撑,以增强模板的承载能力。两节预制廊道模板之间的缝隙,应用水泥砂浆填塞。

乌江渡工程坝内各种孔洞几乎全部采用预制钢筋混凝土模板。下面采用乌江渡工程的资料作为案例介绍廊道模板的基本构造和安装方法。

坝内廊道截面尺寸有 2m×2.5m 和 4m×4m 两种,每节长 1.5m,重量分别为 3.5t 和 5.7t。侧墙及顶部均留有 ϕ8cm 的吊装孔及 ϕ5cm 的坝体冷却管,接缝灌浆管预留孔,2m×2.5m 廊道模板(见图 5-2)。

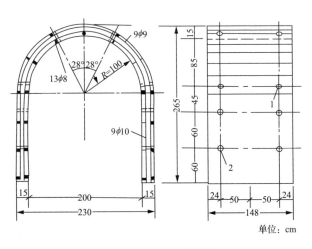

单位:cm

图 5-2　2m×2.5m 廊道模板

1—吊装孔,4ϕ8cm;2—预留孔,8ϕ5cm

廊道竖向拐角处,采用异形廊道模板。预制时,按照需要的尺寸将标准尺寸的廊道模板切除一块,如图 5-3 所示。

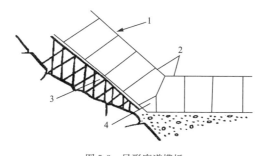

图 5-3 异形廊道模板

1—标准廊道模板;2—异形廊道模板;3—钢支架;4—木模

廊道在平面布置上有不少十字形、丁字形、L 形接头,为此,专门制作半边三通钢模,预制半边廊道三通,组合成所需要的接头型式。

混凝土廊道模板的预制采用专用钢模。整套钢模由内模、外模、封头板各两块和 4 根撑杆组成。两片内模和两片外模分别在拱顶处铰接,内、外模之间用对拉螺栓固定。

钢模面板厚 3mm,以 50mm×50mm 角钢做立柱,间距 30cm,10 号工字形钢弯成与廊道外形相同的形状作围檩,在钢模板的上下两端各布置一根。4 根撑杆用 ϕ60mm 的钢管、两端配 ϕ25mm 螺杆做成套筒螺栓,以便控制两边墙内模之间的间距与拆模。

廊道也可以分侧墙和顶拱两次施工,侧墙用普通模板,顶拱采用预制混凝土模板(见图 5-4)。顶拱模板每节长 1m。为了便于顶拱模板安装,侧墙混凝土浇筑时,一定要浇平廊道起拱线。

2. 竖井模板

工业民用建筑施工现在常用的"筒模"已越来越多地用于水利水电工程施工。筒模结构见图 5-5。它由大模板、铰链角模、花篮螺栓脱模器、围檩(薄壁型钢)等组合成四面闭合的筒形模板。角模为复式铰链。同时调紧四角的花篮螺

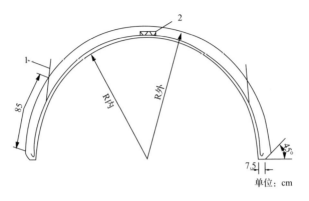

图 5-4　廊道顶拱模板

1—吊环；2—油浸木块

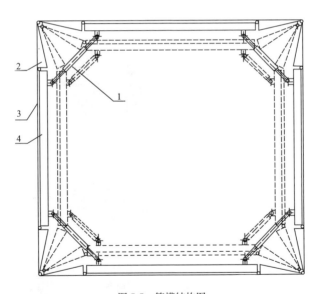

图 5-5　筒模结构图

1—脱模器；2—复式铰链角模；3—面板；4—围檩

栓,可使四周模板向内收缩而脱模。筒模施工流程为:收缩筒模脱模→起吊,将筒模吊出→涂刷隔离剂→就位调整→安装固定卡牢筒模的固定板→浇筑混凝土,养护→拆除固定板→收缩脱模→……

三峡永久船闸工程竖井较多,断面尺寸分为几种,断面较小的竖井采用的筒模见图5-6。一部分竖井采用了液压自升式模板[见图5-7(一)、图5-7(二)]。另一部分竖井采用了滑框倒模。

坝体内竖井形状有圆形和矩形,均可采用预制混凝土模板。断面较小的竖井,如通气孔、锤线井等,模板采用整体预制,分节吊装,见图5-8。断面尺寸较大的竖井,分块预制,以减轻构件的吊运重量,见图5-9。

三、适用范围及注意事项

混凝土模板构成建筑物的一部分,使用前,应征求设计部门的意见,同意后,方可采用。

预制混凝土模板适用于路障、储水池、外墙和装饰等众多的建筑领域,在水利水电工程中预制混凝土和预应力混凝土构件的钢模板也被普遍使用到。

预制混凝土模板结构由模板和支架两部分组成。预制混凝土模板是可以直接与混凝土接触的,它的作用是使混凝土成型,使混凝土硬化后具有设计所要求的形状和尺寸。支架部分的作用是保证模板的形状和位置,并承受模板和新浇混凝土的重量以及施工的全部荷载。

模板结构在混凝土构件施工中虽然是临时性的结构物,但它与混凝土结构工程的施工质量和工程成本密切相关。因此,安装预制混凝土模板结构必须满足下列的基本要求:

(1)应确保工程结构和各构件的形状、尺寸及相对位置。

(2)具有足够的刚度、强度和稳定性,并能可靠地承受新浇筑混凝土的自重和其所产生的侧向压力以及施工中的其他荷载。

(3)构造简单,装拆方便,且便于钢筋的绑扎与安装,有利于混凝土的浇筑及养护。

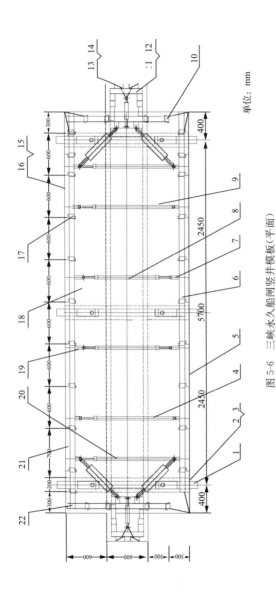

单位：mm

图 5-6 三峡永久船闸竖井模板（平面）

1—主梁组件；2、3、11、12、15、16—模板；4—次梁；5—面板；6、10—横龙骨；7—竖龙骨；8、9—脱模器；13、14—三轴铰链；17—大钢卡；18—销轴卡座；
19—双环钢卡；20—横撑卡；21—螺钉副；22—90°矫正器

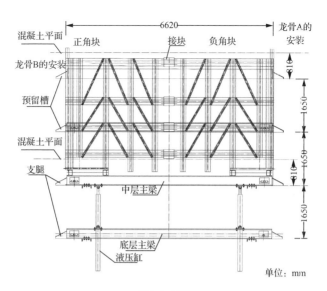

短方向立面

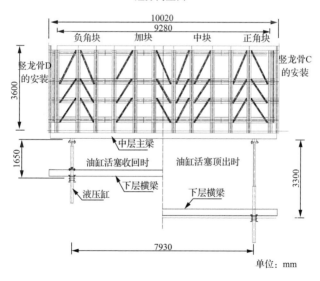

长方向立面

图 5-7 三峡永久船闸竖井自升式模板

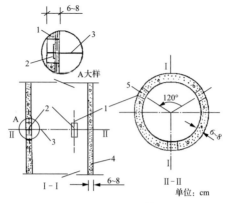

图 5-8　圆形竖井模板

1—预埋钢筋,$\phi 10 \sim 12mm$;2—帮条焊;3—管节接缝;
4—预制管,$\phi 110 \sim 150cm$;5—预留孔,$8cm \times 10cm$

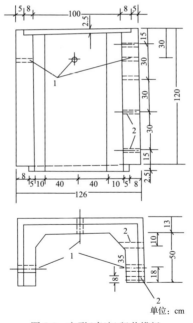

图 5-9　方形(半边)竖井模板

1—吊孔,$\phi 30mm$;2—爬梯钢筋孔,$\phi 20mm$

(4) 模板接缝严密,不得漏浆。

(5) 预制混凝土模板选材合理、经济,以降低工程成本。

第二节 压型钢板模板

一、简介

压型钢板模板,是采用镀锌或经防腐处理的一种薄钢板,经成型机冷轧成具有梯波形截面的槽型钢板或开口式方盒状钢壳的一种工程模板材料,见图 5-10。它具有加工容易,重量轻,安装速度快,操作简便和避免支、拆模板的繁琐工序等优点。

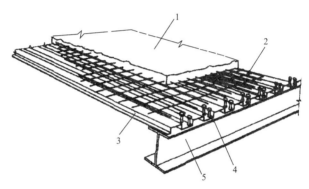

图 5-10 压型钢板组合楼板示意图

1—现浇混凝土楼板;2—钢筋;3—压型钢板;4—用栓钉与钢梁焊接;5—钢梁

二、基本构造

压型钢板模板常用于现浇组合楼板里面,组合楼板由压型钢板、混凝土板通过抗剪连接措施共同作用形成。

1. 种类

压型钢板模板主要从其结构功能分为组合板的压型钢板和非组合板的压型钢板。

1) 组合板的压型钢板。

既是模板又是用作现浇楼板底面受拉钢筋。压型钢板,不但在施工阶段承受施工荷载和现浇层钢筋和混凝土的自重,而且在楼板使用阶段还承受使用荷载,从而构成楼板结构受力的组成部分。

2) 非组合板的压型钢板。

只作模板作用。即压型钢板在施工阶段,只承受施工荷载和现浇层的钢筋混凝土自重,而在楼板使用阶段不承受使用荷载,只构成楼板结构非受力的组成部分。

此种模板,一般用在钢结构或钢筋混凝土结构房屋的有梁式或无梁式的现浇密肋楼板工程。

2. 材料和规格

(1) 压型钢板。

一般采用 0.75～1.6mm 厚(不包括镀锌和饰面层)的 Q235 薄钢板冷轧制成。常用的压型钢板规格尺寸,见表 5-1。

表 5-1　　　　　常用的压型钢板规格尺寸

型号	截面简图	板厚 /mm	单位重量	
			/(kg/m)	/(kg/m²)
M 型 270×50		1.2	3.8	14.0
		1.6	5.06	18.7
N 型 640×51		0.9	6.71	10.5
		0.7	4.75	7.4
V 型 620×110		0.75	6.3	10.2
		1	8.3	13.4
V 型 670×43		0.8	7.2	10.7

型号	截面简图	板厚 /mm	单位重量 /(kg/m)	/(kg/m²)
V 型 600×60	100 100 / 120 80 / 600 / 60	1.2	8.77	14.6
		1.6	11.6	19.3
U 型 600×75	135 65 / 58 142 58 / 600 / 75	1.2	9.88	16.5
		1.6	13.0	21.7
U 型 690×75	135 95 / 142 88 / 690 / 75	1.2	10.8	15.7
		1.6	14.2	20.6
W 型 300×120	60 90 / 52 98 / 300 / 120	1.6	9.39	31.3
		2.3	13.5	45.1
		3.2	18.8	62.7

（2）封沿钢板。

又称堵头板，其选用的材质和厚度与压型钢板相同，板的截面呈 L 型（见图 5-11）。

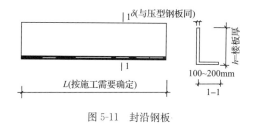

图 5-11 封沿钢板

3. 使用原则

（1）压型钢板模板在施工阶段必须进行强度和变形验算。

跨中变形应控制在 $\delta = L/200 \leqslant 20$mm。如超过变形控

制量时,应在铺设后在板底设临时支撑。

(2) 压型钢板模板使用时,应作构造处理,其构造形式与现浇混凝土叠合后是否组合成共同受力构件有关。

1) 组合式。

一般需要做成以下三种抗剪连接构造:①楔形肋:见图 5-12;②压痕开小洞或冲成不闭合的孔眼:见图 5-13;③上表面加焊与肋相垂直的横向钢筋:见图 5-14。

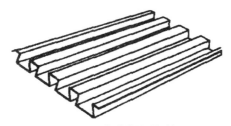

图 5-12　楔形肋压型钢板

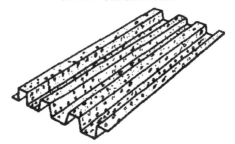

图 5-13　带压痕压型钢板

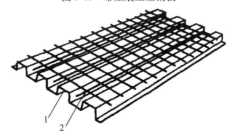

图 5-14　焊有横向钢筋的压型钢板

1—压型钢板;2—钢筋

2）非组合式。

一般可不作抗剪连接构造处理。

为了防止混凝土在浇筑时从压型钢板端部漏出，一般应对压型钢板简支部凸肋部位，作封端处理（图5-15）。

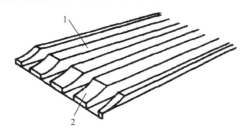

图 5-15　压型钢板封端处理

1—压型钢板；2—坡型封端板

三、适用范围及注意事项

1. 组合板的压型钢板适用范围

组合板的压型钢板既是模板又是用作现浇楼板底面受拉钢筋。压型钢板，不但在施工阶段承受施工荷载和现浇层钢筋和混凝土的自重，而且在楼板使用阶段还承受使用荷载，从而构成楼板结构受力的组成部分。

此种压型钢板，主要用在钢结构房屋的现浇钢筋混凝土有梁式密肋楼板工程。

2. 非组合板的压型钢板适用范围

非组合板的压型钢板只作模板作用。即压型钢板在施工阶段，只承受施工荷载和现浇层的钢筋混凝土自重，而在楼板使用阶段不承受使用荷载，只构成楼板结构非受力的组成部分。

此种模板，一般用在钢结构或钢筋混凝土结构房屋的有梁或无梁式的现浇密肋楼板工程。

3. 安装注意事项

（1）举例说明：例如钢结构柱网间距 9.0m×13.7m，次梁间距 3m，而压型钢板下料长度为 8.97m，运输与安装均较困难,尤其是在圆弧区垂直吊装压型钢板,由上而下在次梁狭间穿套比较困难,且打乱了次梁焊接正常工序。因此控制下料长度为 3～6m,则可避免垂直运输时在次梁间无法吊运的问题。

(2)压型钢板吊运时采用专用软吊索。每次吊装时应检查软吊索是否有撕裂、割断现象。压型钢板搁置在钢梁上时应防止探头。铺料时操作人员应系安全带,并保证边铺设边固定在周边安全绳上。

(3)焊接采用熔透点焊连接,施焊前应准备边角料引弧试焊,调整施焊电流。

(4)因压型钢板底部无水平模板及垂直支撑,浇筑混凝土时布料不宜太集中,采用平板振捣器及时分摊振捣。

(5)压型钢板在铺设前应清除钢梁顶面的杂物,对有弯曲或扭曲的压型钢板进行矫正,使板与钢梁顶面最小间隙控制在 1mm 以下,以保证焊接质量。

(6)除焊接部位附近和灌注混凝土接触面等处外,均应事先做好防锈处理。

(7)板的铺设按板的布置图进行。首先在梁上用墨线标出每块板的位置,将运至施工现场的板按型号和使用顺序堆放好,按墨线排列在梁上,并对开洞、切口的板作补强处理。

(8)压型钢板铺设后,应将梁与板、板与钢梁进行焊接连接,或其他方法固定。但对钢框架需进行安装校正的楼层,在风吹不跑的情况下,应临时固定一端,将另一端作滑动处理;如果压型钢板连续布置通过梁时,可直接采用圆柱头焊钉穿透压型钢板,焊于钢梁上;在高层建筑施工中,压型钢板一般从最下层开始,依次往上铺设。

(9)压型钢板之间的连接可采用角焊缝或塞焊,以防止相互移动。焊缝间距为 300mm 左右。焊缝长度在 20～30mm 为宜。

(10)钢梁与压型钢板连接可采用角焊缝、塞焊或电铆焊。当与高强钢梁连接时,应注意焊接条件,选择合适的焊接工艺。

第三节 滑 动 模 板

滑动模板是模板缓慢移动结构成型，一般是固定尺寸的定型模板，需要由牵引设备的牵引，借助动力机械(千斤顶或卷扬机)的牵引带动，模板逐步滑动上升，一次立模、连续浇筑的施工工艺。

滑动模板(简称为滑模)，是在混凝土连续浇筑过程中，可使模板面紧贴混凝土面滑动的模板。采用滑模施工要比常规施工节约木材(包括模板和脚手板等)70%左右；采用滑模施工可以节约劳动力30%～50%；采用滑模施工要比常规施工的工期短，速度快，可以缩短施工周期30%～50%；滑模施工的结构整体性好，抗震效果明显，适用于高层或超高层抗震建筑物和高耸构筑物施工;滑模施工的设备便于加工、安装、运输。

一、滑动模板的构造与组成

滑模装置主要包括模板系统、操作平台系统、提升机具系统三部分,如图 5-16 所示。

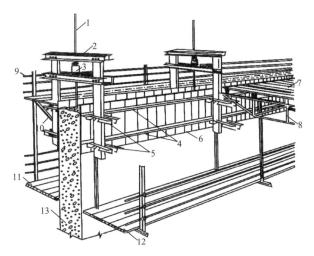

图 5-16 液压滑动模板组成示意图

1—支承杆;2—提升架;3—液压千斤顶;4—围圈;5—围圈支托;6—模板;
7—外挑操作平台;8—平台桁架;9—栏杆;10—外挑三角架;11—外吊脚手架;
12—内吊脚手架;13—混凝土墙体

1. 模板系统

(1)模板。

模板按其材料不同有钢模板、木模板、钢木组合模板等,一般以钢模板为主。

钢模板可采用 2～2.5mm 厚的钢板冷压成型,或用 2～2.5mm 厚的钢板与角钢肋条制成,角钢肋条的规格不小于 ∟30×4。

为方便施工,保证施工安全,外墙外模板的上端比内模板可高出 150～200mm。

（2）围圈。

围圈的主要作用：使模板保持组装好后的形状，并将模板和提升架连成整体。围圈应有一定的强度和刚度，一般可采用∟70～∟80的角钢，⊏8～⊏10的槽钢或Ⅰ10的工字钢制作。

围圈与连接件及围圈桁架构造如图5-17所示。

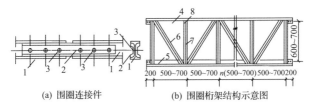

(a) 围圈连接件　　　　(b) 围圈桁架结构示意图

图5-17　围圈与连接件及围圈桁架构造示意图

1—围圈；2—连接件；3—螺栓孔；4—上围圈；5—下围圈；6—斜腹杆；
7—垂直腹杆；8—连接螺栓

（3）提升架。

提升架的作用：主要是控制模板和围圈由于混凝土侧压力和冲击力而产生的向外变形，承受作用在整个模板和操作平台上的全部荷载，并将荷载传递给千斤顶。同时，提升架又是安装千斤顶，连接模板、围圈以及操作平台形成整体的主要构件。

提升架的构造形式：在满足以上作用要求的前提下，结合建筑物的结构形式和提升架的安装部位，可以采用不同的形式。

不同结构部位的提升架构造如图5-18所示。

2. 操作平台系统

操作平台系统主要包括：主操作平台、外挑操作平台、吊脚手架等。在施工需要时，还可设置上辅助平台。它是供材料、工具、设备堆放和施工人员进行操作的场所，如图5-19所示。

（1）主操作平台。

主操作平台既是施工人员进行施工操作的场所，也是材

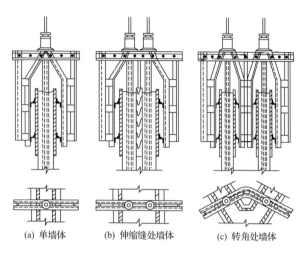

图 5-18　不同结构部位的提升架构造示意图

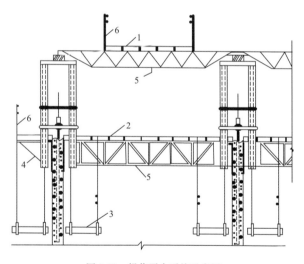

图 5-19　操作平台系统示意图

1—上辅助平台；2—主操作平台；3—吊脚手架；4—三角挑架；

5—承重桁架；6—防护栏杆

料、工具、设备堆放的场所。

故操作平台的设计,要考虑既能揭盖方便,结构又要牢稳可靠。一般提升架立柱内侧的平台板采用固定式,提升架立柱外侧的平台板采用活动式。

(2) 内外吊脚手架。

内外吊脚手架的作用:检查混凝土质量、表面装饰以及模板的检修和拆卸等工作。

吊脚手架的主要组成部分:吊杆、横梁、脚手板、防护栏杆等,如图 5-20 所示。

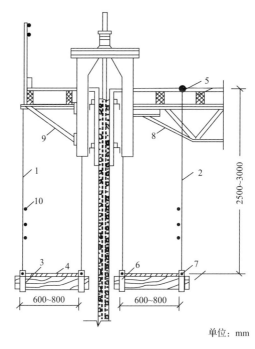

单位: mm

图 5-20　吊脚手架

1—外吊脚手杆;2—内吊脚手杆;3—木楞(或钢楞);4—脚手板;

5—固定吊杆的卡扣;6—套靴;7—连接螺栓;8—平台承重桁架;

9—三角挑架;10—防护栏杆

3. 提升机具系统

提升机具系统的组成：支承杆、液压千斤顶及液压控制系统（液压控制台）和油路等。

提升机具系统的工作原理：由电动机带动高压油泵，将油液通过换向阀、分油器、截止阀及管路输送给各千斤顶，在不断供油回油的过程中使千斤顶的活塞不断地被压缩、复位，通过千斤顶在支承杆上爬升而使模板装置向上滑升。

（1）液压千斤顶。

液压千斤顶又称穿心式液压千斤顶，其中心穿支承杆，在给千斤顶供油和回油的周期性作用下向上滑升。

（2）支承杆。

支承杆的直径要与所选的千斤顶的要求相适应。

为节约钢材，采用加套管的工具式支承杆时，应在支承杆外侧加设内径比支承杆直径大2～5mm的套管，套管的上端与提升架横梁的底部固定，套管的下端与模板底平，套管外径最好做成上大下小的锥度，以减小滑升时的摩阻力。工具式支承杆的底部一般用钢靴或套管支承。工具式支承杆的套管和钢靴，如图5-21所示。

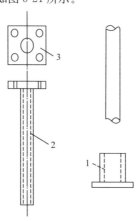

图 5-21　工具式支承杆的套管和钢靴
1—钢靴；2—套管；3—底座

支承杆的接长方法有两种：

在支承杆下面接长在支承杆顶端滑过千斤顶上卡头后，从千斤顶上部将接长支承杆插入千斤顶，使新插入的支承杆顶实原有支承杆顶面，待支承杆接头从千斤顶下面滑出后，立即将接头四周点焊固定。

在千斤顶上面接长的方法有榫接、剖口焊接和丝扣连接，如图 5-22 所示。

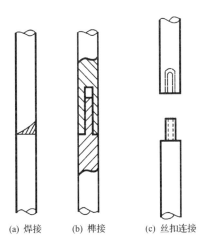

(a) 焊接   (b) 榫接   (c) 丝扣连接

图 5-22 支撑杆的连接

（3）液压控制装置。

液压控制装置：又称液压控制台，是提升系统的心脏。

液压控制装置的组成：能量转换装置（电动机、高压泵等）、能量控制和调节装置（换向阀、溢流阀、分油器等）、辅助装置（油箱、油管等）三部分。

二、滑动模板施工工艺

1. 滑模的组装

（1）组装前的准备工作。

1）滑模基本构件的准备工作，应在建筑物的基础底板（或楼板）的混凝土达到一定强度后进行。

2）组装前必须清理现场,设置运输通道和施工用水、用电线路,理直钢筋等。

3）按布置图的要求,在组装现场弹出建筑物的轴线及模板、围圈、提升架、支承杆、平台桁架等构件的中心线。同时在建筑物的基底及其附近,设置观测垂直偏差的中心桩或控制桩以及一定数量的标高控制点。

4）准备好测量仪器及组装工具等。

5）模板、围圈、提升架、桁架、支承杆、连接螺栓等运至现场除锈刷漆。

6）滑模的组装必须在统一指挥下进行,每道工序必须有专人负责。

（2）组装顺序。

1）搭设临时组装平台,安装垂直运输设施;

2）安装提升架;

3）安装围圈(先安装内围圈,后安装外围圈),调整倾斜度;

4）绑扎竖向钢筋和提升架横梁以下的水平钢筋,安设预埋件及预留孔洞的胎模,对工具式支承杆套管下端进行包扎;

5）安装模板,宜先安装角模后安装其他模板;

6）安装操作平台的桁架、支撑和平台铺板;

7）安装外操作平台的支架、铺板和安全栏杆等;

8）安装液压提升系统、垂直运输系统及水、电、通信、信号、精度控制和观察装置,并分别进行编号、检查和试验;

9）在液压系统试验合格后,插入支承杆;

10）安装内外吊脚手架及挂安全网;在地面或横向结构面上组装滑模装置时,应待模板滑升至适当高度后,再安装内外吊脚手架。根据《滑动模板工程技术规范》(GB 50113—2005)的规定,滑模装置组装的允许偏差如表 5-2 所示。

表 5-2　　　　　　　　滑模装置组装的允许偏差

内容		允许偏差/mm
模板结构轴线与相应结构轴线位置		3
围圈位置偏差	水平方向	3
	垂直方向	3
提升架的垂直偏差	平面内	3
	平面外	2
安放千斤顶的提升架横梁相对标高偏差		5
考虑倾斜度后模板尺寸的偏差	上口	−1
	下口	+2
千斤顶安装位置的偏差	提升架平面内	5
	提升架平面外	5
圆模直径、方模边长的偏差		−2～+3
相邻两块模板平面平整偏差		1.5

知识链接

★当滑模安装高度达到或超过2.0m时，对安装人员必须采取高空作业保护措施。
——《水利工程建设标准强制性条文》(2016年版)

2. 滑模施工

滑模组装完毕并经检查合格后，即可进入滑模施工阶段。滑升模板施工程序如图5-23所示。

(1) 钢筋和预埋件。

1) 横向钢筋的长度不宜大于 7m；竖向钢筋直径小于或等于 12mm 时，其长度不宜大于 8m，一般与楼层高度一致。

2) 钢筋绑扎应与混凝土的浇筑及模板的滑升速度相配合，在绑扎过程中，应随时检查，以免发生差错。

3) 每层混凝土浇筑完毕后，在混凝土表面上至少应有一道绑扎好的横向钢筋作为后续钢筋绑扎时参考。

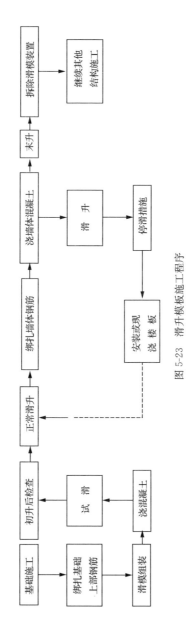

图 5-23 滑升模板施工程序

4）竖向钢筋绑扎时,应在提升架的上部设置钢筋定位架,以保证钢筋位置准确。

5）双层配筋的墙体结构,双层钢筋之间绑扎后应用拉结筋定位。

6）支承杆作为结构受力筋时,其设计强度宜降低10%～25%,接头的焊接质量必须与钢筋等强。

7）梁的横向钢筋可采取边滑升边绑扎的方法,为便于绑扎,可将箍筋做成上部开口的形式,待水平钢筋穿入就位后再将上口封闭扎牢。

8）预埋件的留设位置、数量、型号必须准确。

（2）混凝土施工。

1）混凝土的配制。

用于滑模施工的混凝土,除应满足设计所规定的强度、耐久性等要求外,尚应满足滑模施工的要求。

2）混凝土凝结时间和出模强度的控制。

为减少混凝土对模板的摩阻力,保证出模混凝土的质量,必须根据滑升速度等控制混凝土的凝结时间,使出模混凝土达到最优出模强度。

3）混凝土的浇筑。

浇筑混凝土时,应合理地划分区段,使浇筑时间大致相等。

浇筑时,应严格执行分层浇筑、分层振捣、均匀交圈的方法,使每一浇筑层的混凝土表面基本保持在同一水平面上,并应有计划、均匀地变换浇筑方向。

（3）模板的滑升。

1）初升阶段。

初浇混凝土高度达到 600～700mm,并且对滑模装置和混凝土的凝结状态进行检查,从初浇开始,经过 3～4h 后,即可进行试滑,此时将全部千斤顶升起 50～60mm(1～2 个千斤顶行程)。

试滑的目的是观察混凝土的凝结情况,判断混凝土能否脱模,提升时间是否适宜等。

2）正常滑升阶段。

正常滑升阶段是滑升模板施工的主要阶段。

正常滑升的初期提升速度应稍慢于混凝土的浇筑速度，以便入模混凝土的高度能逐步接近模板上口。当混凝土距模板上口 50～100mm 时，即可按正常速度提升。

3）末升阶段。

当模板滑升至距建筑物顶部 1m 左右时，应放慢提升速度，在距建筑物顶部 200mm 标高以前，随浇筑随做好抄平、找正工作，以保证最后一层混凝土均匀交圈，确保顶部标高及位置准确。混凝土末浇结束后，模板仍应继续滑升，直至与混凝土完全脱离为止。

在模板的整个滑升过程中，如因气候、施工需要或其他原因而不能连续滑升时，应采取可靠的停滑措施。

停滑前，混凝土应浇筑到同一水平高度；停滑过程中，模板应每隔 0.5～1h 提升一个千斤顶高度，确保模板与混凝土不黏结；当支承杆的套管不带锥度时，应于次日将千斤顶顶升一个行程；对于因停滑造成的水平施工缝，应认真处理混凝土表面，保证后浇混凝土与已硬化的混凝土之间有良好的黏结；继续施工前，应对液压系统进行全面检查。

（4）模板的拆除。

滑模装置拆除应制定可靠的措施，拆除前要进行技术交底，确保操作安全。提升系统的拆除可在操作平台上进行，千斤顶应与模板系统同时拆除。滑模装置拆除后，应对各部件进行检查、维修，并妥善存放保管，以备使用。

滑模系统的拆除顺序为：油路系统及控制台→操作平台→内模板→安全网和脚手架→用木块垫死内圈模板桁架→外模板桁架系统→内模板桁架的支撑→内模板桁架。

（5）施工中易出现的问题及处理方法。

1）支承杆在混凝土内部弯曲。处理时，先暂停使用该千斤顶，并立即卸荷，然后将弯曲处的混凝土清除，露出弯曲的支承杆。若弯曲不大，可在弯曲处加焊一根直径与支承杆相同的钢筋，或用带钩的螺栓加固；若失稳弯曲严重，则将弯曲部分切断,加以帮条焊,如图 5-24 所示。

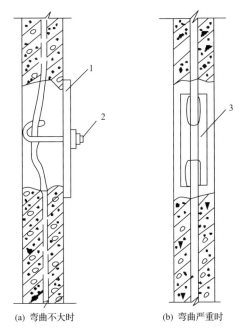

(a) 弯曲不大时   (b) 弯曲严重时

图 5-24   支承杆在混凝土内部失稳弯曲情况及加固措施
1—垫板;2—M20 带钩螺栓;3—22 钢筋

2) 支承杆在混凝土上部弯曲。失稳弯曲不大时,可加焊一段与支承杆直径相同的钢筋;失稳弯曲很大时,则应将支承杆弯曲部分切断,加以帮条焊;失稳弯曲很大而且较长时,则需另换支承杆,新支承杆与混凝土接触处加垫钢靴,将新支承杆插入到套管中,如图 5-25 所示。

三、适用范围及注意事项

滑动模板施工具有机械化程度高、结构整体性好、施工占地面较小、现场整洁文明、劳动力消耗少、工程成本低等优点。在冶金、建筑、交通、水利等工程中均有使用价值。尤其适用于高层或超高层抗震建筑物和高耸构筑物的施工中,民用建筑中较为直观的工程案例中,例如:烟囱的制作就需要

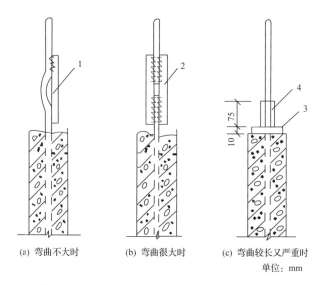

(a) 弯曲不大时　　　(b) 弯曲很大时　　　(c) 弯曲较长又严重时

单位：mm

图 5-25　支承杆在混凝土上部失稳弯曲情况及加固措施

1—25 钢筋；2—22 钢筋；3—钢垫板；4—29 套管

用到滑模。

　　同时在水利水电工程领域，也已被普遍使用，根据结构物体型、模板装置和施工条件等，滑动模板工程可分为四类：

　　（1）大体积混凝土。

　　（2）竖井、井筒（塔）、墩墙等。

　　（3）混凝土面板，如溢流面、隧洞底拱等。

　　（4）斜井。

　　1. 大体积混凝土滑模施工

　　（1）水工建筑物中的混凝土坝、闸门井、闸墩及桥墩、挡土墙等无筋和少筋的大体积混凝土工程，可采用滑模施工。

　　（2）滑动模板装置应包括模板系统（包括模板、围圈和收分装置）、操作平台系统（包括主梁、连接梁、悬吊脚手架和铺板等）、液压提升系统（包括液压操作台、千斤顶、支承杆、油路等）和精度控制系统等部分。滑模装置的总体设计除满足

《滑动模板工程技术规范》(GB 50113—2005)的相关规定外，还应满足结构物曲率变化和精度控制要求，并能适应混凝土机械化和半机械化作业方式。

（3）滑动模板装置设计荷载的分类及取值规定如下：

1）滑动模板装置自重。

2）施工荷载，包括：操作平台上机具设备的质量；操作平台上施工人员及堆放材料的质量。

3）模板与混凝土之间的摩阻力。

4）模体与轨道或垫板之间的摩擦力。

5）混凝土对模板的侧压力及倾倒混凝土时对模板的冲击力。

6）模板调坡、收分时产生的附加压力。

7）操作平台上的垂直运输设备运行时的附加荷载。

8）风荷载。

滑动模板装置设计荷载标准值参见《滑动模板工程技术规范》(GB 50113—2005)的相关规定。

（4）长度较大的结构物整体浇筑时，其滑模装置应分段自成体系，分段长度不宜大于20m，体系间接头处的模板应衔接平滑。

（5）支承杆及千斤顶的布置，应力求受力均匀。宜沿结构物上、下游边缘及横缝面成组均匀布置。支承杆至混凝土边缘的距离不应小于20cm。

（6）滑模装置各种构件的制作应符合现行国家标准《钢结构工程施工质量验收规范》(GB 50205—2001)和《组合钢模板技术规范》(GB/T 50214—2013)的规定，其允许偏差应符合表5-3的规定。其构件表面，除支承杆及接触混凝土的模板表面外，均应刷防锈涂料。

滑模装置的部件设计除满足《滑动模板工程技术规范》(GB 50113—2005)的相关规定外，还应符合下列要求：

1）操作平台宜由主梁、连系梁及铺板构成；在变截面结构的滑模操作平台中，应制定外悬部分的拆除措施；

表 5-3　　　　　　　　滑模构件制作的允许偏差

名　称	内　容	允许偏差/mm
钢模板	高度	±1
	宽度	−0.7～0
	表面平整度	±1
	侧面平直度	±1
	连接孔位置	+0.5
围圈	长度	−5
	弯曲长度≤3m	±2
	弯曲长度>3m	±4
	连接孔位置	±0.5
提升架	高度	±3
	宽度	±3
	围圈支托位置	±2
	连接孔位置	±0.5
支承杆	弯曲	小于(1/1000)L
	$\phi25$ 圆钢　直径	−0.5～+0.5
	$\phi48×3.5$ 钢管　直径	−0.2～+0.5
	椭圆度公差	−0.25～+0.25
	对接焊缝凸出母材	<+0.25

2) 主梁宜用槽钢制作,其最大变形量不应大于计算跨度的 1/500;并应根据结构物的体形特征平行或径向布置,其间距宜为 2～3m;

3) 围圈宜用型钢制作,其最大变形量不应大于计算跨度的 1/1000;

4) 梁端提升收分车行走的部位,必须平直光洁,上部应加保护盖。

(7) 滑模装置的组装应按《滑动模板工程技术规范》(GB 50113—2005)的相关规定制定专门的程序。

(8) 混凝土浇筑铺料厚度宜控制在 25～40cm;采取分段滑升时,相邻段铺料厚度差不得大于一个铺料层厚;采用吊罐直接入仓下料时,混凝土吊罐底部至操作平台顶部的安全距离不应小于60cm。

(9) 大体积混凝土工程滑模施工时的滑升速度宜控制在 $50 \sim 100\text{mm/h}$,混凝土的出模强度宜控制在 $0.2 \sim 0.4\text{MPa}$,相邻两次提升的间隔时间不宜超过 1.0h;对反坡部位混凝土的出模强度,应通过试验确定。

(10) 大体积混凝土工程中的预埋件施工,应制定专门技术措施。

(11) 操作平台的偏移,应按以下规定进行检查与调整:

1) 每提升一个浇灌层,应全面检查平台偏移情况,做出记录并及时调整;

2) 操作平台的累积偏移量超过5cm尚不能调平时,应停止滑升并及时进行处理。

2. 竖井、井筒(塔)、墩墙等滑模施工

(1) 竖井、井筒(塔)、墩墙的滑动模板装置应根据工程结构体型进行设计,一般包括模板系统、操作平台系统、液压提升系统和施工精度控制系统等部分。竖向导轨式滑动模板尚应具有竖向导轨系统。

(2) 滑动模板装置设计荷载见第二节相关规定。

(3) 支承杆和千斤顶宜沿结构物周边均匀布置,在荷载集中或摩阻力较大处可根据需要加密布置。

(4) 提升架均匀布置时,其间距宜为 $1.0 \sim 1.5\text{m}$,特殊部位可根据需要布置。

(5) 圆形井筒结构滑动模板的操作平台,宜采用辐射梁、环梁与随升井架等组成整体稳定结构,也可采用析架梁。井筒结构滑动模板混凝土的下料平台,宜安装旋转分料溜槽入仓。

(6) 闸墩工程可采用单墩滑升或多墩同步滑升。其操作平台宜采用平台梁或桁架梁,并与提升架组成整体稳定结构。

(7) 当采用竖向导轨进行滑动模板施工时,导轨系统的设计应遵守以下规定:

1）导轨系统应包括底座、导轨柱、水平撑、对拉螺栓、缆风绳等。

2）可采用组合型钢作导轨柱，其高度宜超过设计墩顶高程1.0～1.5m。

3）导轨柱的间距宜为4～5m，其间应以水平撑与交叉斜拉杆连接，柱顶与操作平台横梁应组成稳定结构。

（8）液压提升系统的布置及设备选配，按《滑动模板工程技术规范》（GB 50113—2005）之规定执行。

（9）滑动模板装置的部件设计、制作，应符合以下规定：

1）模板：①由小块平面模板拼装曲面模板时，应满足工程结构体型精度要求；②模板的设计、制作应遵守《滑动模板工程技术规范》（GB 50113—2005）的规定。

2）围圈：①围圈转角应设计成刚性节点；②其他规定应遵守《滑动模板工程技术规范》（GB 50113—2005）的规定。

3）提升架：①提升架应由立柱、横梁和围圈支托构成；②提升架可采用单横梁"Ⅱ"型或双横梁"开"型结构。提升架横梁宜采用槽钢制作，立柱宜采用槽钢或角钢制作；③横梁与立柱的节点应为刚性连接，立柱最大侧向变形量不应大于2mm。

4）外挑平台：①外挑平台应由析架或三角架、铺板组成，并与提升架连成整体。外挑宽度不宜大于1500mm。②悬吊脚手架的铺板宽度宜不小于800mm，圆钢吊杆的直径宜不小于16mm。

5）支承杆的选材、制作应遵守《滑动模板工程技术规范》（GB 50113—2005）的规定，部件制作的允许偏差见表5-3。

3．混凝土面板滑模施工

（1）溢流面、泄水槽和渠道护面、隧洞底拱衬砌及堆石坝的混凝土面板等工程，可采用滑模施工。

（2）面板工程的滑模装置设计，应包括下列主要内容：

1）模板结构系统（包括模板、行走机构、抹面架）；

2）滑模牵引系统；

3）轨道及支架系统；

4）辅助结构及通信、照明、安全设施等。

（3）模板结构的设计荷载应包括下列各项：

1）模板结构的自重（包括配重），按实际重量计。

2）施工荷载。机具、设备按实际重量计；施工人员可按 $1.0kN/m^2$ 计。

3）新浇混凝土对模板的上托力。模板倾角小于 $45°$ 时，可取 $3\sim5kN/m^2$；模板倾角大于或等于 $45°$ 时，可取 $5\sim15kN/m^2$；对曲线坡面，宜取较大值。

4）混凝土与模板的摩阻力，包括黏结力和摩擦力。新浇混凝土与钢模板的黏结力，可按 $0.5kN/m^2$ 计；在确定混凝土与钢模板的摩擦力时，其两者间的摩擦系数可按 $0.4\sim0.5$ 计。

5）模板结构与滑轨的摩擦力。在确定该力时，对滚轮与轨道间的摩擦系数可取 0.05，滑块与轨道间的摩擦系数可取 $0.15\sim0.5$。

（4）模板结构的主梁应有足够的刚度。在设计荷载作用下的最大挠度应符合下列规定：

1）溢流面模板主梁的最大挠度不应大于主梁计算跨度的 $1/800$；

2）其他面板工程模板主梁的最大挠度不应大于主梁计算跨度的 $1/500$。

（5）模板牵引力 $R(kN)$ 应按式（5-1）计算：

$$R = [FA + G\sin\varphi + f_1 | G\cos\varphi - P_c | + f_2 G\cos\varphi]K$$

$$(5-1)$$

式中：F——模板与混凝土的黏结力，kN/m^2；

$\quad\quad A$——模板与混凝土的接触面积，m^2；

$\quad\quad G$——模板系统自重（包括配重及施工荷载），kN；

$\quad\quad \varphi$——模板的倾角，$(°)$；

$\quad\quad f_1$——模板与混凝土间的摩擦系数；

$\quad\quad P_c$——混凝土的上托力，kN；

$\quad\quad f_2$——滚轮或滑块与轨道间的摩擦系数；

K——牵引力安全系数,可取 1.5~2.0。

(6)滑模牵引设备及其固定支座应符合下列规定:

1)牵引设备可选用液压千斤顶、爬轨器、慢速卷扬机等;对溢流面的牵引设备,宜选用爬轨器。

2)当采用卷扬机和钢丝绳牵拉时,支承架、锚固装置的设计能力,应为总牵引力的 3~5 倍。

3)当采用液压千斤顶牵引时,设计能力应为总牵引力的 1.5~2.0 倍。

4)牵引力在模板上的牵引点应设在模板两端,至混凝土面的距离应不大于 300mm;牵引力的方向与滑轨切线的夹角不应大于 10°,否则应设置导向滑轮。

5)模板结构两端应设同步控制机构。

(7)轨道及支架系统的设计应符合下列规定:

1)轨道可选用型钢制作,其分节长度应有利于运输、安装;

2)在设计荷载作用下,支点间轨道的变形不应大于 2mm;

3)轨道的接头必须布置在支承架的顶板上。

(8)滑模装置的组装应符合下列规定:

1)组装顺序宜为轨道支承架、轨道、牵引设备、模板结构及辅助设施;

2)轨道安装的允许偏差应符合表 5-4 的规定;

表 5-4　　　　　安装轨道允许偏差

项目	允许偏差/mm	
	溢流面	其他
标高	−2	±5
轨距	±3	±3
轨道中心线	3	3

3)对牵引设备应按国家现行的有关规范进行检查并试运转,对液压设备应按《滑动模板工程技术规范》(GB 50113—2005)相关条款进行检验。

（9）混凝土的浇灌与模板的滑升应符合下列规定：

1）混凝土应分层浇灌，每层厚度宜为 300mm；

2）混凝土的浇灌顺序应从中间开始向两端对称进行，振捣时应防止模板上浮；

3）混凝土出模后，应及时修整和养护；

4）因故停滑时，应采取相应的停滑措施。

（10）混凝土的出模强度宜通过试验确定，亦可按下列规定选用：

1）当模板倾角小于 45°时，可取 0.05～0.1MPa；

2）当模板倾角等于或大于 45°时，可取 0.1～0.3MPa。

（11）对于陡坡上的滑模施工，应设有多重安全保险措施。牵引机具为卷扬机钢丝绳时，地锚要安全可靠；牵引机具为液压千斤顶时，还应对千斤顶的配套拉杆做整根试验检查。

（12）面板成型后，其外形尺寸的允许偏差应符合下列规定：

1）溢流面表面平整度（用 2m 直尺检查）不应超过 ±3mm；

2）其他护面面板表面平整度（用 2m 直尺检查）不应超过 ±5mm。

4. 斜井滑模施工

知识链接

★陡坡上的滑模施工，应具有保证安全的措施。当牵引机具为卷扬机时，卷扬机应设置安全可靠的地锚；对滑模应设置除牵引钢丝绳以外的防止其自由下滑的保险器具。

——《水利工程建设标准强制性条文》(2016年版)

（1）滑动模板牵引方式宜采用连续拉伸式液压千斤顶抽拔钢绞线，也可以采用卷扬机、爬轨器等方式。

（2）滑动模板施工过程中，混凝土宜水平分层浇筑。

（3）滑动模板装置应包括模板系统、轨道系统、牵引系统及混凝土下料系统等部分。

（4）模体的结构型式应按以下规定设计：

1）应将模体设计成上口大、下口小的锥体，模体锥度宜为 $0.4\%\sim0.6\%$。

2）模体应由面板、加劲肋、纵向檩条和支撑桁架等组成，宜将其设计成组合结构。模板面板宜采用 $4\sim10mm$ 厚的钢板制作。要求檩条的变形量 $f_{max}\leqslant1/1000$ 计算跨度。支撑桁架节点变形应小于 3mm。

3）模板长度：底拱宜为 1.2m，顶拱宜为 1.5m。

（5）混凝土的脱模强度应经试验确定，宜为 $0.3\sim0.6MPa$。

（6）模体的设计荷载应包括以下内容：

1）模体和操作平台的自重。

2）施工荷载，包括操作人员、材料和机具设备的质量。

3）顶拱新浇混凝土及钢筋自重。

4）混凝土对模体的侧压力及倾倒混凝土时的冲击力。

5）新浇混凝土对模体的浮托力。

6）模体与混凝土之间的摩阻力。

7）模体前、后轮与轨道及垫板之间的摩擦力。

（7）牵引系统的设计应遵守以下规定：

1）地锚、岩石锚固点和锁定装置的设计承载能力，应不小于总牵引力的 3 倍。

2）牵引钢丝绳的承载能力应为总牵引力的 $5\sim8$ 倍。钢绞线的承载能力应为总牵引力的 $4\sim6$ 倍。

3）连续拉伸式液压千斤顶、爬轨器和卷扬机的牵引能力应不小于总牵引力的 2 倍。

4）牵引力合力的方向应与滑升阻力的合力方向相重合。

（8）初滑启动时摩阻力较大，可采取辅助牵引措施，辅助牵引力宜为设计牵引力的 $1.0\sim1.2$ 倍。

（9）模体牵引点应为 2 个，以洞轴线为中心对称布置。

（10）模体前方导向机构应与模体连接牢固，支承构架应具有足够的刚度，导向轮应运转灵活。

（11）轨道的布置应保证模体滑移平稳和便于安装及拆除，应将两条轨道平行对称地布置在斜井底板中心线的两侧，轨道位置对应的圆心角宜为60°。轨道基础可采用立模喷射混凝土的条形基础，轨道基础混凝土标号应不小于混凝土衬砌设计标号。

（12）混凝土下料系统应保证混凝土不分离及施工安全。

（13）滑动模板拆除场地应设模体拖出支承架、托辊、轨道及操作平台等设施。

第四节　隧洞钢模台车与针梁模板

一、钢模台车

钢模台车是一种为提高隧洞衬砌表面光洁度和衬砌速度，并降低劳动强度而设计、制造的专用设备。隧洞施工中根据隧洞内轮廓形状的不同、隧洞衬砌混凝土浇筑方式的不同，来浇筑隧洞内衬砌混凝土板用的一种专用机械施工设备，在铁路、公路、水利水电等的工程施工中被广泛使用。有边顶拱式、直墙变截面顶拱式、全圆针梁式、全圆穿行式等。采用钢模台车浇筑功效比传统模板高30％，装模、脱模速度快2～3倍，所用的人力是过去的1/5。使用钢模台车不仅可以避免施工干扰、提高施工效率，更重要的是大大提高了隧道内的衬砌施工质量，同时也提高了隧道施工的机械化程度。

钢模台车由钢模和台车两部分组成。如图5-26、图5-27所示，为圆形隧洞钢模台车。图5-28为城门洞形隧洞钢模台车。下面以图5-27所示钢模台车为例，说明其构造和工作原理。

1. 钢模

钢模3m长为一组，共计5组。每组由一块顶模、四块边墙模板组成，模板之间用铰连接，可以向内折叠，模板就位后，

图 5-26　圆形隧洞钢模台车

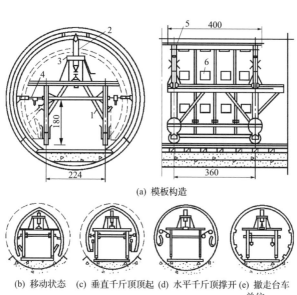

(a) 模板构造

(b) 移动状态　(c) 垂直千斤顶顶起　(d) 水平千斤顶撑开 (e) 撤走台车

单位：mm

图 5-27　圆形隧洞钢模台车

1—车架；2—垂直千斤顶；3—水平螺杆；4—水平千斤顶；5—拼板；

6—混凝土进入口

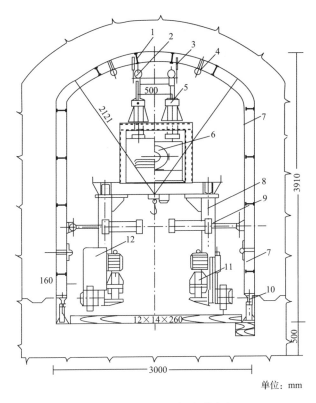

图 5-28　城门洞形隧洞钢模台车

1—顶模；2—托轮；3—连接螺栓；4—连接铰；5—垂直千斤顶；

6—油泵结构；7—边墙模；8—车架；9—水平千斤顶；10—定位丝顶；

11—行走机构；12—电器控制盘

用固定螺栓紧固，形成整体框架。每组钢模都留有进人口及混凝土进料口。

钢模面板采用 6mm 钢板，受力骨架用 16 号槽钢加工，间距量 500mm，骨架之间用 12 号工字钢连接。钢模各构件采用间断焊缝焊成整体。钢模骨架加工要有专用胎具或样板，保证弧度一致，面板拼焊要平整。钢模各构件加工和组装，都要进行检查验收，达到钢模设计的精度要求。

2. 台车

台车由车架、行走机构、水平千斤顶、垂直千斤顶及液压操作机构等主要部件组成。台车主要用来运输、安装和拆卸钢模。它的 4 个液压垂直千斤顶上的托轮，用来托住钢模兼调整钢模位置，使钢模中心与隧洞中心一致。连接螺栓将钢模与台车连接起来。脱模时，千斤顶将顶模向下拉。液压操作机械是产生和分配高压油的装置。台车行走是通过电动机和减速器来驱动。

隧洞混凝土衬砌，先浇筑底板混凝土，底板混凝土达到一定强度后，铺设台车轨道。轨道铺设要求平直，以便台车定位。

钢模安装，第一次从立模开始，以后每次从拆模开始，按照拆模→转运→立模顺序作业。具体操作过程是：先拆除钢模的钢管丝杆对撑，将台车开入要拆的钢模下，将垂直千斤顶油缸活塞杆升起，把托轮架与顶模下的连接螺栓固定，同时，将两边墙钢模与台车上的水平千斤顶连接好。先用水平千斤顶使边墙钢模脱离混凝土面，随后下降顶拱钢模，使钢模完全脱离混凝土面并有一定空隙，台车载着拆下的钢模转移到新的工作面定位、调整、固定。重复 4 次，将 5 组钢模全部安装好。

台车行走也可以采用卷扬机、钢丝绳牵引；台车也可以采用轮胎式；操作系统可以是手动或电动。总之，应根据实际情况，尽量利用现有设备。

二、针梁模板（或针梁台车）

圆形隧洞衬砌，过去一直是将衬砌截面分成上下两部分，分两次浇筑，或者是分底拱、边墙、顶拱三部分三次浇筑，形成两条（或四条）平行洞轴线的通长施工缝。自日本大成建设株式会社在云南鲁布革水电站引水隧洞采用针梁模板全断面衬砌之后，国内大型圆形隧洞衬砌普遍使用针梁模板。

针梁钢模台车是为了隧洞的整体衬砌而设计。针梁台车衬砌隧洞全圆断面底、边、顶一次性成型，立模、拆模用液压油缸执行,定位找正由底座竖向油缸和调平油缸执行。台车为自行式,安装在台车上的卷扬机使钢模和针梁作相对运动,台车便可向前移动。

针梁模板是较先进的全断面一次成型模板,下面以某工程的资料介绍针梁模板的构造和施工工艺,它利用两个多段长的型钢制作的方梁(针梁),通过千斤顶,一端固定在已浇混凝土面上,另一端固定在开挖岩面上,其中一段浇筑混凝土,另一段进行下一浇筑面的准备工作(如进行钢筋施工),见图 5-29。

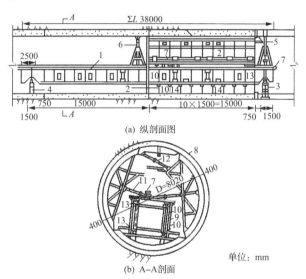

(a) 纵剖面图

(b) A-A 剖面

单位:mm

图 5-29 针梁模板

1—针梁;2—钢模;3—前支座液压千斤顶;4—后支座液压千斤顶;5—前抗浮液压千斤顶;6—后抗浮液压千斤顶;7—行走装置系统;8—混凝土衬砌;9—大梁梁框;10—装在梁顶下的行走轮;11—手动螺栓千斤顶(伸缩顶模);12—手动螺栓千斤顶(伸缩顶模);13—钢轨(针梁上下共 4 条,供有轨行走用);14—千斤顶定位螺栓

1. 钢模

钢模全长 15m,由 10 节 1.5m 长的模板用螺栓连接而

成,每节模板环向由 1 块底模、2 块边拱模、1 块顶拱模铰接成整体。模板外径 8.02m。模板上布置 40 个 450mm×600mm 的窗口,供进料、进人及检查用,另外设置 40 个小孔供埋设灌浆管用,顶拱模上布置 3 个混凝土输送泵尾管注入口。整个模板重 76t,一次移动 15m。

2. 针梁

针梁既是钢模的受力支撑,又是钢模移动时的行走轨道,全长 38m,是两个衬砌段长度再加上布置前后支座所需长度之和。针梁宽 2.4m、高 2.35m,是大型钢肋板桁架组合结构。针梁重 38t。针梁靠千斤顶支撑。

3. 千斤顶

分支座千斤顶和抗浮千斤顶。前支座千斤顶和后支座千斤顶用来支撑针梁,通过调节,帮助大梁及钢模定位。前抗浮千斤顶和后抗浮千斤顶在混凝土浇筑时阻止钢模向上浮动。

4. 移动装置

移动装置为卷扬机钢丝绳牵引,牵引力 2.24t,行走速度 2.9m/min。全套针梁模板重 150t。针梁模板就位状态如图 5-30(a)所示。在就位状态,进行混凝土浇筑。

混凝土浇筑结束后 6h(根据混凝土凝固程序确定),针梁可以行走。先收起前后支座千斤顶,针梁模板全部重量由已成形的混凝土承担;然后,收缩抗浮千斤顶及侧向稳定螺杆,放松针梁下方的千斤顶定位螺栓,便于针梁行走;再用卷扬机牵引,针梁以钢模作轨道向前移动 15m,如图 5-30(b)所示;针梁到位后,仍用前后支座千斤顶支撑,使针梁处于稳定状态,如图 5-30(c)所示。

混凝土浇筑结束后 12~14h(即针梁移动后 6~8h),钢模可以脱模,其过程如图 5-30(d)所示。脱模后,钢模以针梁作轨道,在卷扬机牵引下,向前移动 15m,如图 5-30(e)所示。

脱模后,及时清扫模板表面,涂刷脱模剂,将钢模定位。钢模定位按下列步骤进行:

(1)通过激光束导向,调节前后支座千斤顶使针梁模板

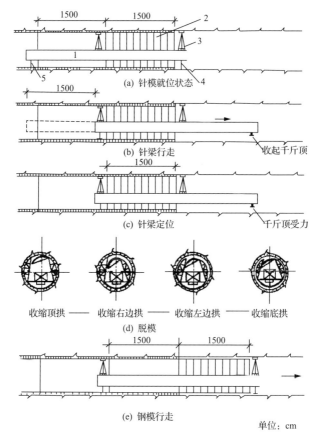

(a) 针模就位状态

收起千斤顶

(b) 针梁行走

千斤顶受力

(c) 针梁定位

收缩顶拱 —— 收缩右边拱 —— 收缩左边拱 —— 收缩底拱

(d) 脱模

(e) 钢模行走

单位：cm

图 5-30　针梁模板运行过程

1—针梁；2—钢模；3—前抗浮平台；4—前支座千斤顶；5—后支座千斤顶

轴线与隧洞中心线在同一垂直平面内。

（2）使用水准仪按设计要求控制底模高程，底模定位。此时，针梁模板轴线应与隧洞中心线重合。

（3）钢模伸展成设计圆形断面。

（4）测量检查定位偏差。

（5）抗浮千斤顶抵紧洞壁，顶拱模板与岩壁之间架立足够的抗浮支撑;模体两侧 4 对伸缩螺栓与岩壁抵紧,保证针梁模板侧向稳定。

采用针梁模板施工,进度快,混凝土衬砌没有纵向施工缝,整体性好,表面平整光滑。但针梁模板制作工艺比较复杂,造价高,隧洞转弯段施工困难。隧洞断面较大且洞身较长或者工期很紧时,可选择针梁模板施工。

三、新型钢模台车

随着水电施工技术水平的提高,出现了几种新型钢模台车。

1. 穿行式全圆衬砌模板台车

1994 年,太平驿水电站引水隧洞采用穿行式全圆衬砌模板台车施工,衬砌质量和速度均比其他类型台车的效果好。穿行式衬砌模板台车由模板、行走架和支撑操作系统组成。模板分作几节,每节长 4.5m。其工作原理如图 5-31 所示。

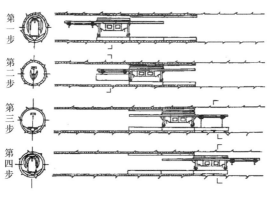

图 5-31　穿行是衬砌模板台车工作原理

第一步,收缩第一节模板的侧模,使之与底模分离,与顶模一起落在行走架上,并降下一定高度。

第二步,行走架向前移动一节模板长度,用滑车将第一节模板的底模折叠吊起。

第三步,行走架再向前移动一节模板长度,并将吊起的底模从行走架腹空穿过,移到下一衬砌段位置放下并打开,就位固定。

第四步,行走架继续向前移动一节模板长度,升起顶拱楼板,撑开侧模,就位固定。至此,完成了一节模板的拆、移、立全部工序。

模板拆、移、立及混凝土浇筑可以单节进行,也可以几节为一组,成组进行。

行走架的行走轨道固定在底模内侧。底模依靠撑脚支撑。

穿行式全圆衬砌模板台车优点十分明显。模板移动每次只搬运一节,使台车整机重量大大降低,降低了设备造价;通过转弯段比针梁模板容易得多;另外,适当增加模板节数,可以实现连续浇筑混凝土。

2. 转弯段钢模台车

广东抽水蓄能电站引水隧洞斜井上下转弯段衬砌,首次采用转弯段钢模台车施工,取得良好的效果。转弯段钢模台车是通过调节机构使模板中心线在竖直平面内发生转折,以折线代替曲线,满足转弯段洞轴线变化的要求(见图5-32)。

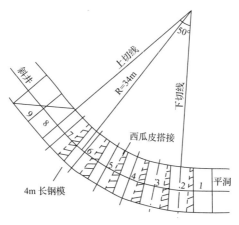

图5-32 下弯段衬砌浇筑分块

转弯段钢模台车由钢模、方梁、液压系统、轨道及牵引设备组成,如图 5-33 所示。

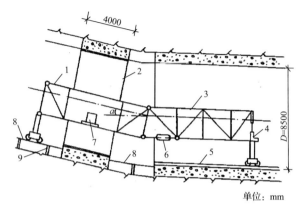

单位: mm

图 5-33 转弯段钢模台车
1—方梁上段;2—钢模;3—方梁下段;4—调节支腿;5—内轨;
6—调节丝杆;7—液压系统;8—外轨;9—外轨支撑

(1) 模板:模板由顶模、左右侧模及底模组成。模板采用桁架式结构。

(2) 方梁:方梁的作用是定位,由上下两段组成,上段长8.7m,下段长 8.75m。两段之间上部铰接,下部连接处设调节丝杆,通过调节丝杆的长度,可使两段之间产生向上或向下的转折角,角度范围约为±15°。方梁为桁架式结构。

(3) 液压系统:液压系统布置在方梁上段。

(4) 轨道:轨道分内轨、外轨。外轨在衬砌前敷设好,供方梁前轮行走。浇筑时,被埋入混凝土衬砌中。内轨是衬砌完一段敷设一段,供方梁后轮行走。

(5) 牵引设备:牵引设备采用卷扬机、钢丝绳。

图 5-32 中,1~9 段衬砌均采用转弯段钢模台车施工,各段之间的西瓜皮搭接采用木模施工。转弯段钢模台车,通过调节丝杆的长度,使方梁上段与下段中心线成一条直线,可用于平洞、斜井直段衬砌施工。模板长度可加长到 7.5m。

第五节　清水混凝土模板

一、简介

　　清水混凝土工程是直接利用混凝土成型后的自然质感作为饰面效果的混凝土工程,分为普通清水混凝土、饰面清水混凝土和装饰清水混凝土。清水混凝土表面质量的最终效果取决于清水混凝土模板的设计、加工、安装和节点细部处理。

　　清水混凝土属于一次浇筑成型,不做任何外装饰,直接采用现浇混凝土的自然表面效果作为饰面,因此不同于普通混凝土,表面平整光滑,色泽均匀,棱角分明,无碰损和污染,只是在表面涂一层或两层透明的保护剂,显得十分天然、庄重。

　　清水混凝土模板即是按照清水混凝土技术要求进行设计加工,满足清水混凝土质量要求和表面装饰效果的模板。众所周知,模板是塑造混凝土构件外形、尺寸的基本工具,并对表面外形有很大的影响。混凝土结构的外形尺寸都在模板内形成。没有模板,混凝土无法成形。模板错误,构件外形尺寸也必然错误。因此模板对混凝土构件及整个混凝土结构的施工,其重要性是显而易见的。但是,人们往往更重视混凝土构件本身的质量,而忽略对模板重要性的认识。这是因为模板作为工具,仅属于临时结构,并非工程结构的永久组成部分。当混凝土结构验收时,模板早已拆除不见了。人们看到的仅仅是模板形成的结构实体。

　　在清水混凝土技术的发展和变革中,模板技术起着决定性作用,模板体系的选择是清水混凝土施工成败的关键,不同类别的清水混凝土都有与之相对应与匹配的模板体系,根据工程类别、规模、工程施工合同要求以及承包商工程项目质量目标等来界定清水混凝土类别,从而科学、合理地选择与之相适应模板体系,是确定清水混凝土模板方案、进行模板设计的核心工作。

二、基本构造、施工要求

1. 清水混凝土模板设计

（1）模板设计前应对清水混凝土工程进行全面深化设计，妥善解决好对饰面效果产生影响的关键问题，如明缝、蝉缝、对拉螺栓孔眼、施工缝的处理、后浇带的处理等。

（2）模板体系选择：选取能够满足清水混凝土外观质量要求的模板体系，具有足够的强度、刚度和稳定性；模板体系要求拼缝严密、规格尺寸准确、便于组装和拆除，能确保周转使用次数要求。

（3）模板分块原则：在起重荷载允许的范围内，根据蝉缝、明缝分布设计分块，同时兼顾分块的定型化、整体化、模数化、通用化。

（4）面板分割原则：应按照模板蝉缝和明缝位置分割，必须保证蝉缝和明缝水平交圈、竖向垂直。

（5）对拉螺栓孔眼排布：应达到规律性和对称性的装饰效果，同时还应满足受力要求。

（6）节点处理：根据工程设计要求和工程特点合理设计模板节点。

2. 清水混凝土模板施工特点

模板安装时遵循先内侧、后外侧，先横墙、后纵墙，先角模后墙模的原则。吊装时注意对面板保护，保证明缝、焊缝的垂直度及交圈。模板配件紧固要用力均匀，保证相邻模板配件受力大小一致，避免模板产生不均匀变形。具体要求如下：

（1）在进行清水混凝土模板的设计和施工时应特别注意面板材料的选择、结合处的密封、隐蔽缝及止水的设置。

（2）清水混凝土模板应采用大型整体模板，有足够的强度和刚度。面板宜采用厚度不小于18mm的覆膜胶合板，其质量应符合《混凝土模板用胶合板》(GB/T 17656—2008)的有关规定；也可采用其他表面粗糙度较低的复合模板或钢模板。应拼缝严密，有足够的密封性，不漏浆。拼缝方向、拼缝之间的距离均应一致。面板表面应清洁，不含油质及其他可能影响混凝土表面颜色的物质。

（3）清水混凝土模板安装前，应有模板安装详图，将开孔、施工缝、伸缩缝等项目详细标注在模板安装图上。

（4）清水混凝土模板应精心设计，以保证达到混凝土成型要求。缝或转弯处的连接应进行专门设计，以使其达到严密和密封。

（5）清水混凝土模板如采用钢模板，要进行模板氧化处理。模板进场后，进行初步打磨后，抹 1.5～2cm 水泥砂浆涂层进行表面铁锈氧化（常温 4d，低温 7d），之后再次打磨除锈，清理后覆盖塑料薄膜防尘。使用前涂刷清水混凝土脱模剂，若不立即使用则应覆膜保护。

（6）清水混凝土模板安装时，模板接缝应对称。在需要设置施工缝处，应在模板上固定平整的板条，以使成型表面的接缝平直清晰。

（7）清水混凝土模板表面应涂脱模剂或敷设隔层，以便顺利拆模，但脱模剂或隔层不得污染或侵蚀钢筋和混凝土。

（8）清水混凝土模板伸出混凝土外的拉杆应采用端部可拆卸的结构型式。拆除拉杆留下的孔洞应采用砂浆封填。

（9）清水混凝土模板制作、安装的允许偏差按混凝土结构成型后允许偏差进行控制。

（10）清水混凝土模板拆除时应特别注意，确保混凝土表面不遭受任何损坏，为此须制定专门的拆模措施。

三、适用范围及注意事项

清水混凝土施工中一次成型，无须抹灰装饰，因施工工期短而降低工程造价，是建设行业发展的一个重要方向，并广泛应用于工业建筑、公路桥梁、铁路、水利、港口码头、市政等行业，以及其他需要保证达到清水混凝土质量要求和外观效果的施工部位。

第六节　其　他　模　板

模板结构是为了保证混凝土浇筑后达到规定的形状、尺寸和相互位置的结构物，一般包括由面板、肋（或围檩）组成的单块模板及其支承结构和锚固件等。

目前我国混凝土结构模板材料已向多样化发展,除钢材、木材外,主要还有木胶合板、竹胶合板、塑料板、树脂板、预应力混凝土薄板等。本章的前五节内容已经对预制混凝土模板、压型钢板模板、滑模与拉模、隧洞钢模台车与针梁模板、清水混凝土模板的基本构造、适用范围及注意事项、施工工艺等作了介绍。但特种模板的种类仍不止这五种,本节内容将介绍一些其他的模板。

一、悬臂模板

悬臂模板是大体积混凝土普遍采用的模板型式。

二滩拱坝悬臂模板见图 5-34(a)。面板为厚 21mm 的木压合板,其表面覆盖一层釉质防水层,使面板平整、光滑而不吸水,不致因混凝土泌水的浸泡而发生脱层。压合板四周用钢条加固,保护边角。面板的加强格栅采用型钢。模板的支撑系统采用三角形桁架,由型钢制成。面板的倾角通过调节可变支杆的长度来控制,面板的水平和铅直调整分别通过设置在下部刚体三角形的横梁和竖梁内的水平和铅直调节装置来完成。下部刚体三角形可单独作为其他模板的支撑使用。

模板面板高 3.15m,宽度有 4.8m、3.6m 和 0.6m 三种,其中宽 3.6m 的采用最广泛。

一块悬臂模板重约 3t,用吊车安、拆。模板的固定系统由预埋锚筋[见图 5-34(b)]、锥形连接螺栓[见图 5-34(c)]和高强紧固螺杆组成。预埋锚筋埋设在混凝土表面下 50cm 处,由 ϕ36 钢筋加工而成,其头部为内螺纹套管。锥形螺栓旋进预埋锚筋套管,高强螺杆再旋进锥形螺栓,从而将模板固定在已凝固的先浇块混凝土上。

预埋锚筋的安装:模板提升、固定后,在面板上距浇筑层顶部 50cm 的预留孔处,将锥形螺栓穿入预留孔并与锚筋连接,临时用与高强螺杆同直径的短螺杆将锥形螺栓和锚筋一起固定在加强格栅上。

调整模板时,首先要操作下支架横梁内的水平调节装置,使面板紧贴老混凝土表面;然后操作竖梁内的竖向调节

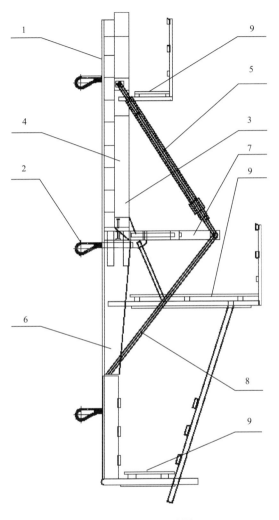

(a) 二滩拱坝悬臂模板

1—压合板；2—预埋锚筋；3—上部大梁；4—加强格栅；5—可变支杆；
6—下部竖梁；7—横梁；8—下支架腹杆；9—工作平台

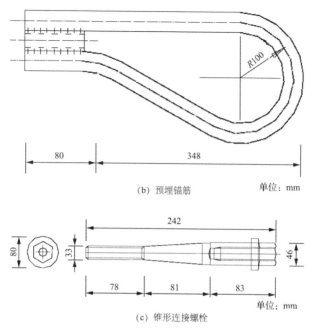

(b) 预埋锚筋

单位：mm

(c) 锥形连接螺栓

图 5-34　模板固定系统示意图

装置,调整模板与老混凝土的搭接长度达到要求;最后通过
上部斜向可变支杆的伸缩来调整面板的倾角,从而完成一块
模板的一次调整过程。考虑到在浇筑混凝土时模板将有微
小的外倾变形,事先将模板的顶边设置为内倾 5mm。

锥形螺栓和高强螺杆的旋紧和松开都采用配套的气动
扳手。拆模后预埋锚筋留在混凝土内,锥形螺栓和高强螺杆
循环使用。拆除锥形螺栓后,混凝土面上留下一个圆形的孔
洞,用砂浆封堵。

东风电站双曲拱坝悬臂模板,其面板具有后退和横移的
功能,通用性强。插挂式锚钩定位准,装拆快。并配有计算
机辅助立模系统,能显示各种立模参数和图形,可按施工要
求重新布置。模板结构简图见图 5-35。模板高 3.3m,宽
3m,最大顺坡角度为 24°,最大倒坡角度为 20°,垂直相对调

坡角度≤2°,模板上口控制变位≤1cm。模板面板采用双榀可变"人"字形桁架支撑。调整桁架上的可调斜撑及平移丝杠,可实现模板的变坡、面板下口贴紧混凝土面。面板可退离混凝土面最大距离60cm。为了解决收分量累积和横缝倾斜带来的问题,模板面板需要横移。最大横移量30cm。模板挂在支撑桁架的四个滚轮上,通过4只螺栓与桁架固定。当模板需要调整时,松开4只螺栓,模板即可横移。

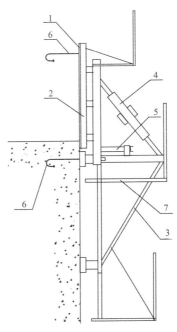

图 5-35　东风水电站拱坝悬臂模板

1—面板;2—围令;3—支撑桁架;4—可调斜撑;5—平移丝杠;

6—锚固件;7—工作平台

中外合资葛洲坝多卡模板有限公司制造的多卡模板,是一种典型的悬臂模板,其结构简图见图5-36。模板的支撑结构采用三角形桁架、可调撑杆。模板的固定系统采用略弯成蛇形的 $\phi15$ 高强度预埋锚筋,其本身即是螺距为 10mm 的特殊牙形螺杆,可与多种多卡紧固件(如螺母、套筒、山型卡扣等)连接。面板可采用整体钢框大块钢板、胶合板、铝合金板和复合塑料板等多种方案。

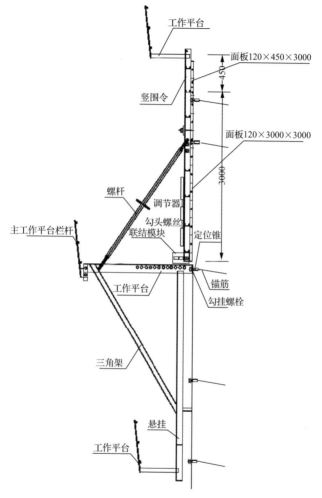

图 5-36　多卡模板结构简图

用于三峡工程的多卡模板型号为 D15 型,单套模板由面板、竖围令、支撑系统、锚固装置、辅助支架和工作平台等部分组成,其主要技术参数见表5-5。

表 5-5　　　　　D15 型模板主要技术参数(单套)

序　号	技术指标	参　数
1	立模面积/(m×m)	3×2.4
2	允许混凝土侧压力/kN	25
3	锚筋最大拉力/kN	150
4	锚固系统允许拉拔力/kN	120
5	面板角度可调范围/(°)	30
6	锚筋规格/mm,根数	φ15~600,2
7	组装重量/kg	1780

多卡大坝模板应用流程图见图 5-37。多卡大坝模板锚固系统见图 5-38。

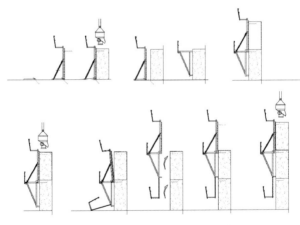

图 5-37　多卡大坝模板应用流程图

预埋锚筋是浇筑混凝土时模板的主要受力构件,又是模板定位的悬挂依托点,与锚筋相连的定位锥直接决定了模板的空间位置,因此多卡大坝模板对起始仓的预埋锚筋埋设位

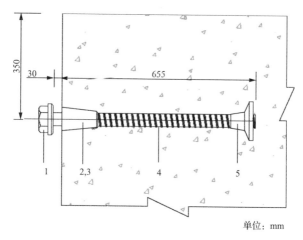

单位：mm

图 5-38 多卡大坝模板锚固系统图

1—勾挂螺栓；2—定位锥；3—密封壳；4—锚筋；5—锚固盘

置精度要求很高。在起始仓立模时，在锚筋埋设高程通长布置一道已钻好锚筋孔的木模板，将蛇形锚筋和定位锥用螺栓固定在木模板的孔位上。浇完混凝土，拆模后，再将勾挂螺栓拧入预埋的定位锥中，即可挂装模板。D15 型模板锚固系统安装质量控制标准见表 5-6。

浇完混凝土的仓位脱模时，收紧支撑螺杆，模板后倾，在定位锥中拧入勾挂螺栓，模板即可脱位提升，再挂装到新安装的勾挂螺栓上。已卸除模板的勾挂螺栓和定位锥回收再用对定位锥形成的孔洞用砂浆封堵。

表 5-6   D15 型模板锚固系统安装质量控制标准

序号	检验项目	允许偏差／mm	检查方法
1	预埋锚筋与定位锥中心距	±2.5	检查定位锥外端面
2	预埋锚筋与定位锥水平共面度	±2.5	用水平仪或拉线检查
3	预埋锚筋与定位锥垂直共面度	±5	用经纬仪或拉线检查
4	预埋锚筋旋入定位锥长度	≥68	钢尺测量
5	勾挂螺栓旋入定位锥长度	≥38	钢尺测量

二、碾压混凝土坝模板

碾压混凝土是干硬性混凝土，加之施工仓面大、混凝土上升速度较慢，所以模板承受的混凝土侧压力较小。同时要求模板安装和拆除快捷、方便，以满足碾压混凝土连续铺筑上升的要求。

（1）悬臂模板。这种模板用于碾压混凝土施工时，要求悬臂支撑的锚固支点能适应混凝土连续铺筑上升。其面板一般采用钢板，也有采用木板或预制镶面板的。棉花滩电站大坝施工采用的悬臂翻升模板，是对碾压混凝土采用悬臂模板的一种改进（见图 5-39）。该模板分为两层。下层模板浇

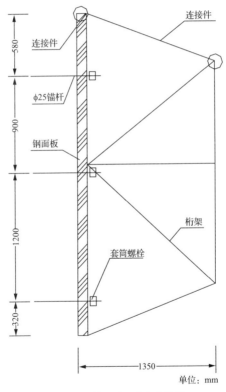

图 5-39　棉花滩悬臂翻升模板

满混凝土后,吊装上层模板,上层模板沿下层模板的导向机构准确就位后,将桁架后部连杆铰接,上、下层模板联结成一体,成为新的悬臂模板。上层模板浇满混凝土后,拆除下层模板,如前述方法再进行安装。两层模板如此循环翻升。该模板结构合理,操作方便,使用可靠,值得推广。普定碾压混凝土拱坝采用通仓连续上升工艺,配套的模板(见图 5-40)。该模板系统由两块尺寸各为 3m×4m(高×宽)的模板通过活动铰联结成为 6m×4m 能交替连续上升的可调式全悬臂大模板。模板的拆装采用 5t 汽车吊,可在 10～15min 内完成一个循环作业。该模板在普定拱坝上游面及下游面(坡度 1:

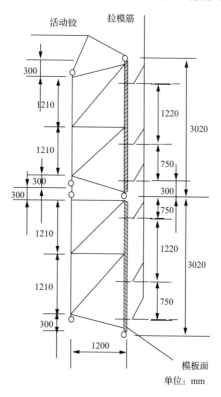

图 5-40　普定连续上升可调式全悬臂模板

0.35)都加以应用,最高达到连续上升 12.7m,较好地解决了混凝土连续上升的关键技术,实现了碾压混凝土的快速施工。

（2）预制混凝土模板。一般采用重力式预制混凝土块,可用于直立面、斜面和台阶。

（3）组合钢模板。由若干块钢模板拼装成组合模板,用于上游面和下游面。

（4）拼装钢模板。由小块钢模板现场拼装而成,用于上游面和下游面。

三、自升式模板

自升式模板依靠其自身的提升机构上升。图 5-41 所示的电动螺杆式自升悬臂钢模板是水电基础工程局与杭机所

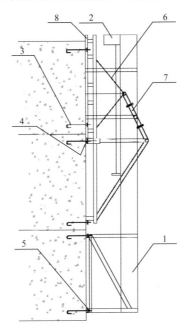

图 5-41　电动螺杆自升悬臂模板

1—提升柱;2—提升机械;3—预埋螺栓;4—模板锚固件;5—提升锚固件;
6—柱、模联结螺栓;7—调节丝杠;8—模板

联合研制的。模板的尺寸为 3m×3.3m(宽×高),最大自升行程为 3.2m,模板最大可倾斜角度为±20°,允许混凝土浇筑速度为 0.6m/h。模板为平面模板,面板由组合钢模板组装而成,提升柱及桁架由型钢及钢管焊接而成。

模板的提升操作步骤如图 5-42 所示。第一步:在面板固定的情况下,将提升柱的锚固松开,并使提升柱离开混凝土面。第二步:起动电机带动螺杆正转,将提升柱提升到预定位置并锚固。第三步:将模板的锚固松开,并使模板离开混凝土面。第四步:起动电机带动螺杆反转,将模板提升到预定位置并锚固,调整模板上的丝杠,使模板达到要求的位置,即可浇筑混凝土。

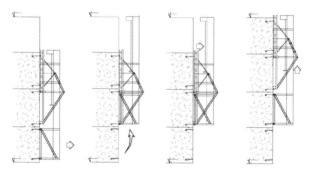

图 5-42　自升悬臂模板提升操作步骤示意图

此模板所用提升机为 1.5kW 电动机,螺杆直径为 50mm,提升机提升能力为 5t,提升速度为 0.273m/min,设备总重 3.525t。若采用一个总开关,可将整个仓面的模板一次提升到新位置,大大提高拆模和立模的效率。此模板在官厅工地试用效果较好。

自升式悬臂模板一次性投入较大,因此目前应用并不广泛。

四、移置模板

滑框倒模是在滑模基础上发展起来的新工艺。它既具有滑模连续施工、上升速度快的优点,又克服了滑模易拉裂表面混凝土、停滑不够方便、调偏不易控制等缺点,不损伤混凝土,可根据施工安排随时停滑,可随时调整偏差。滑框倒模的基本工艺是:在混凝土浇筑过程中,模板的围檩由提升系统带动沿着模板的背面滑动,模板不动,下层模板待混凝土达到允许拆模强度时拆除并倒至上层支立。其工艺流程见图 5-43。

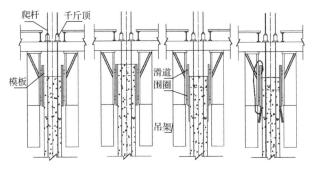

图 5-43　滑框倒模工艺流程图

　　滑框倒模由操作平台、提升架、围圈、滑道、模板、液压系统、卸料平台等组成。在围圈与模板之间设置滑道,滑道间距 30cm。滑道采用 $\phi48\times3.5$mm 钢管制作,固定在围圈上。在滑道外侧沿水平方向安装四层模板,四层模板总高宜大于 1.5m。滑升阻力为滑道与模板之间的摩擦力,比滑模的滑升阻力减少约 50%,可以少用千斤顶,而且由于滑升阻力分布较均匀,平台提升时不易跑偏。根据提升力的要求,可以采用 GYD-35 或 GYD-60 型液压千斤顶,其支承爬杆分别为 $\phi25$ 钢筋和 $\phi48\times3.5$mm 钢管。

　　一般每浇筑 2m 高进行一次混凝土块体形体的检测,如果发现形体偏差大于允许值,立即停滑,采取纠正措施后,恢复施工。

　　混凝土的脱模强度不得小于 0.4MPa。拆除的下层模板必须清理干净,并涂刷脱模剂,以备在上层支立。

五、土模

在小型水利工程施工中,为了节省木材,常用土模代替木模。土模除具有施工简单、节约木材、技术容易为群众掌握等优点外,还具有温度稳定,有一定湿度和浇筑时不易跑浆等特点,因而便于自然养护。土模可分为地下式、半地下式和地上式三种。地下式土模适用于结构外形简单的预制构件,对土质有一定要求,如图 5-44(a)所示。半地下式土模,适用于构件较复杂、地下开挖较困难的情况。地面以上部分可用木模或砌砖,如图 5-44(b)所示。地上式土模的构件,全部在地坪以上,主要用于外形比较复杂的构件。地上式土模拆除、吊装都比较方便,而且易于排水,如图 5-44(c)所示。

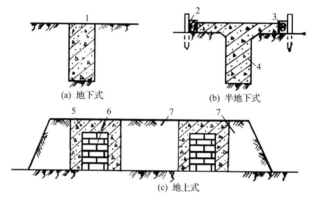

(a) 地下式　　　　　　　　(b) 半地下式

(c) 地上式

图 5-44　土模的形式

1—矩形梁;2—木桩;3—方木;4—T 形梁;5—Ⅱ形梁;6—砖心;7—培土夯实

土模施工中应注意:

(1) 不宜设在透水性强的场地,黏土适宜含水量应控制在 20%～24%;

(2) 地上式土模的培土宜选用砂质黏土或黏质砂土,含水量控制在 20%左右为宜;

(3) 混凝土浇筑时,振捣棒一般应离开土模壁至少 5cm,以防将土模壁碰坏;

(4) 土模的拆除时间应较木模稍迟,一般需在养护两周以后才能拆模,或移动构件的位置。

第六章

模板工程安全知识

第一节 一 般 规 定

（1）进入施工现场的操作人员必须戴好安全帽，扣好帽带。操作人员严禁穿硬底鞋及有跟鞋作业。

（2）高处和临边洞口作业应设护栏，张安全网，如无可靠防护措施，必须佩戴安全带，扣好带扣。高空、复杂结构模板的安装与拆除，事先应有切实的安全措施。

（3）工作前应先检查使用的工具是否牢固，扳手等工具必须用绳链系挂在身上，钉子必须放在工具袋内，以免掉落伤人。工作时要思想集中，防止钉子扎脚和空中滑落。

（4）安装模板时操作人员应有可靠的落脚点，并应站在安全地点进行操作，避免上下在同一垂直面工作。操作人员要主动避让吊物，增强自我保护和相互保护的安全意识。

（5）支模应按规定的作业程序进行，模板未固定前不得进行下一道工序。严禁在连接件和支撑件上攀登上下。

（6）支模时，操作人员不得站在支撑上，而应设立人板，以便操作人员站立。立人板应用木质中板为宜，并适当绑扎固定。不得用钢模板或 $5cm \times 10cm$ 的木板。

（7）支模过程中，如需中途停歇，应将支撑、搭头、柱头板等钉牢。拆模间歇时，应将已活动的模板、牵杠、支撑等运走或妥善堆放，防止因踏空、扶空而坠落。模板上有预留洞者，应在安装后将洞口盖好，混凝土板上的预留洞，应在模板拆除后即将洞口盖好。

第六章 模板工程安全知识　213

（8）竖向模板和支架的支承部分，当安装在基土上时应加设垫板，且基土必须坚实并有排水措施。对湿陷性黄土，尚须有防水措施；对冻胀性土，必须有防冻融措施。

（9）模板及其支架在安装过程中，必须设置防倾覆的临时固定设施。

（10）现浇多层房屋和构筑物，应采取分段支模的方法：①下层楼板应具有承受上层荷载的承载能力或加设支架支撑；②上层支架的立柱应对准下层支架的立柱，并铺设垫板；③当采用悬吊模板、桁架支模方法时，其支撑结构的承载能力和刚度必须符合要求。

（11）当层间高度大于 5m 时，宜选用桁架支模或多层支架支模。当采用多层支架支模时，支架的横垫板应平整，支柱应垂直，上下层支柱应在同一竖向中心线上。

（12）支设高度在 3m 以上的柱模板，四周应设斜撑，并应设立操作平台，低于 3m 的可用马凳操作。

（13）支撑、牵杠等不得搭在门窗框和脚手架上。通路中间的斜撑、拉杆等应设在 1.8m 高度以上。

（14）二人抬运模板时要互相配合，协同工作。传递模板、工具应用索具系牢，采用垂直升降机械运输，不得乱抛，组合钢模板装拆时，上下有人接应。钢模板及配件应随装拆随运送，严禁从高处掷下。高空拆模时，应有专人指挥。地面应标出警戒区，用绳子和红白旗加以围拦，暂停人员过往。

（15）模板上施工时，堆物（钢模板等）不宜过多，且不宜集中一处。

（16）大模板施工时，存放大模板必须要有防倾措施。封柱子模板时，不准从顶部往下套。

（17）地下室顶模板，支撑还另需考虑机械行走、材料运输、堆物等额外载荷的要求，顶撑及模板的排列必须考虑施工荷载的要求。

（18）高空作业要搭设脚手架或操作台，上、下要使用梯子、不许站立在墙上工作；不准站在大梁底模上行走。

（19）遇六级以上的大风时，应暂停室外的高空作业，雪雷雨后应先清扫施工现场，待地面略干不滑时再恢复工作。

第二节　木工机械使用安全

木工机械是一种借助于锯、刨、车、铣、钻等加工方法，把木材加工成木模，或木器及各种器具的机械。它是各企业常用的一种机械。

施工现场中常用的木工机械有木工圆盘锯、木工平刨机和木工压刨机。

一、基本规定

（1）操作人员应经过培训，了解机械设备的构造、性能和用途，掌握有关使用、维修、保养的安全技术知识。电路故障必须由专业电工排除。

（2）从事各种木工作业时，工作前必须接受项目部安全教育和所在班组安全交底，熟悉作业的内容、作业环境，对所使用的工具要认真进行检查，不牢固的不得使用和作业。作业时必须正确穿戴个人防护用品（安全帽、安全带、手套等）。上班时不得赤脚、穿拖鞋、穿硬底鞋、带钉易滑的鞋、打领带、露体、严禁酒后作业。

（3）必须使用单向开关，严禁使用倒顺开关。

（4）应及时清理机器台面上的刨花、木屑。严禁直接用手清理。刨花、木屑应存放到指定地点。

（5）链条、齿轮和皮带等传动部分，必须安装防护罩或防护板。

（6）工作场所严禁烟火，必须按规定配备消防器材。

（7）作业前试机，各部件运转正常后方可作业。开机前必须将机械周围及脚下作业区的杂物清理干净，必要时应在作业区铺垫板。

（8）机械运转过程中出现故障时，必须立即停机、切断电源。

（9）作业后必须切断电源，闸箱门锁好。

二、安全操作要求

1. 木工机械一般安全操作规程

(1) 开机前应首先检查各部安全装置是否齐全可靠,否则不能开车。

(2) 木材的存放和加工场所的消防器材必须齐全、可靠和使用方便,工作场所不准有明火和吸烟,易燃材料和油等不得放在木材上及附近,各场所的木材应堆放整齐,不得影响道路畅通,以保证安全。

(3) 机床应保持清洁,转动部位安全装置应齐全、可靠、接地线良好,各部位螺钉螺帽紧固件不得松动,工具台上禁止放杂物。

(4) 各种工具、刃具要经检查方可使用,不得有破损和裂纹。

(5) 先开抽风机后开车,开车后待主轴运转正常后方可进行工作。不准从机械部分上方传递木材、工具和工件等,装卸零件、刃具,必须待机停稳后方可进行,发现机床有异常情况时,应立即停车。

(6) 机床起动后,身体不得靠近转动部位,操作者应站在安全位置上,严禁设备在运转中测量工件尺寸。清理木屑时,必须待车停稳后进行。

(7) 锯、刨床等加工长料时,对面要有人接料,上手和下手要配合好,手应距刃具300mm以上,小工件要用推料棒进行。

(8) 加工大料,多人配合时,必须指定一人指挥,动作协调。

(9) 根据木料的粗细、软硬和浊度选择合理的切削速度,加工木料前应从木料中清除铁钉和铁丝等硬物。

(10) 工作完毕,切断电源,让其自动停车,不准用手或其他物件去强制刹车,停车后要清理机床,整理工具,摆放好木料和工件。

2. 木工圆盘锯安全操作规程

(1) 圆盘锯应装有楔片、保护罩,锯片应紧固并垂直于轴的中心线,起动时不得有震动,开动前检查各部是否完好有效,先空转 2min 然后再工作。

(2)检查锯片松紧,垂直度和固定销,有裂纹、不平、不光滑、锯齿不快的锯片不能使用。

(3)不得在圆锯上加工不规则(如弧形)的工件,已经锯开的工作,木料不得再向反方向拉回。

(4)调整锯床必须停车。

(5)锯床的吃刀量不宜过长,变更锯片直径后,转速必须调整,以保证安全。

(6)加工薄料、小料时,要用辅助工具,不得用手直接送料。

(7)机床开动后,人要避开锯盘的旋转方向,手或身体不能接近锯齿。

(8)台面锯片高度必须超出加工料厚度 1.5cm 下,拉料时不准把料抬立超过锯片,以防伤人。

(9)锯片未停止转动时,禁止调整,禁止用手或其他东西去制动。

3. 木工平刨机安全操作规程

(1)刀刃具要锋利,安装要牢固,防护装置及设备各部件要良好有效。刨平面时,应根据材料的软硬及机床性能要求选用适当的吃刀量。

(2)较短的加工件必须使用压板或推料棍。手推木料时,手不得从刨刀上面通过,不得用腹部顶着木料推进,接木料时,人要站在侧面,手距离刨应在 300mm 以上,推进速度要慢,刨刀不得超过工作台面 0.1mm。工作时,要随时注意木节、钉子和其他金属物。

(3)双人操作,精力要集中,动作要协调一致,在大平刨上,小于 400mm 长、50mm 宽、20mm 厚,在小刨床上,小于 300mm 长、40mm 宽、20mm 厚的木料不许加工。

(4)不得刨畸形木料,刨模头的木料宽度不得过长。

(5)调整刨畸形木料,刨模头的木料宽度不得过长。

(6)加工薄板窄面时,薄板必须靠住靠板,严禁离开靠板单板刨削,防止材料倒伤手。

4. 木工压刨机安全操作规程

（1）刨制规格,在大压刨上料不得小于 500mm 长、10mm 厚,在小压刨上,料不得小于 300mm 长、10mm 厚。

（2）厚度不同的木料,不得在压刨上同时推进,吃刀量,应按机床规定选定。

（3）木料厚度在 15mm 以下,或刨有节子硬杂木时,吃刀量大压刨不得超过 2mm,小压刨不得超过 1mm。

（4）刨 2m 以上长木料时,出口一边必须有人接料,并保持与平台平行,手离送料轴应大于 150mm 以上。

（5）送料发生阻滞时,不可推进,应立即停车检查,清除刨屑要用工具,不得用手。

（6）送进木料时,选择木料较平的一面靠紧台面,木料必须正直的通过刨刀。加工三角面时,要有专用辅助工具。

第三节　立模与拆模安全

一、基本规定

（1）模板支撑,必须按施工组织设计（方案）严格执行。

（2）模板支撑不得使用腐朽、扭裂、弯曲的材料。立杆要垂直,接长必须采用对接扣件连接,扣件要牢固,底端平整结实,并应设置底座或垫板。必须设置纵、横向扫地杆,并用横顺拉杆和剪刀撑拉牢。

（3）采用桁架支模应严格检查,发现严重变形,螺栓松动等应及时修复。

（4）支模应按工序进行,模板没有固定前,不得进行下道工序。禁止利用拉杆、支撑攀登上下。

（5）支设高度在 2m 以上的柱模板,四周应设斜撑,并应设立操作平台,低于 2m 的可用马凳操作。

（6）支设悬挑形式的模板时,应有稳定的立足点。不得站在柱模上操作和在梁底模上行走。

（7）模板支撑拆除前,混凝土强度必须达到设计要求,并经申报批准后,才能进行。

（8）拆除模板应按顺序分段进行,严格猛撬和拉倒。拆除钢模作平台底模时,不得一次将顶撑全部拆除,应分批拆除,然后按顺序拆下格栅、底模,以免发生钢模在自重荷载下一次性大面积脱落。

（9）拆除薄腹梁、吊车梁、桁架等预制构件模板,应随拆随加顶撑支牢,防止构件倾倒。

（10）拆模时必须设置警戒区域,并派人监护。拆模必须拆除干净彻底,不得留下松动和悬空的模板,拆下的模板要及时清理干净,堆放整齐。

二、安全操作要求

（1）高空作业要遵守高空安全规定。

（2）散放的钢模板,应采用箱架集装吊运,不得随便捆绑吊运。

（3）施工用临时照明及机电设备的动力电线,应使用绝缘线,并不得直接牵挂在组合钢模板上或钢支撑上。应使用绝缘支持物使电线与组合钢模板隔开,同时还必须严格检查线路的完好,防止绝缘破损漏电。施工临时照明灯的电压,一般不得超过 36V;在满堂红钢模板支架或特别潮湿的环境时不得超过 12V。照明灯及机电设备的移动线路,要采用橡套电缆,橡套电缆应定期试验检查。

（4）遇有恶劣天气,如降雨、下雪、大雾及六级以上大风等情况,应停止露天的高空作业。

（5）在雷雨季节及沿海大风地区,雾天的组合钢模板工程要做好排水,当钢模板高度超过 15m 时,要考虑安设避雷设施,避雷设施的接地电阻不得大于 4Ω,同时还要考虑抗风的加固措施。在寒风地区冬季施工时,组合钢模板不宜采用电热法加热混凝土。

（6）在架空输电线路下面安装和拆除组合钢模板,要停电作业,不能停电时,应有隔离防护措施,但起重机不得在架空输电线路下面工作,通过架空输电线路时,应将起重臂落下。在架空输电线路一侧作业时,不论在任何情况下,起重臂、重物、钢丝绳、操作人员连同操作工具等与架空输电线路要保持一定的安全距离,同时还应遵守国家及当地有关部门的规定。

(7) 不得将脚手板支搭在钢模板或其支承件上进行施工操作或推车运行。钢模板及其支承件一般应与脚手架或操作平台分隔开,不能分开时,必须采取防止施工操作震动引起模板变形的措施。在任何情况下,钢模板及其支承件不应与上料井架及有车辆运行的脚手架或操作台支设成一体。

(8) 支模过程中如遇中途停歇,应将已就位的钢模板或支承件连接稳固。拆模间歇时,应将已松扣的钢模板、支承件拆下运走,防止坠落伤人或操作人员扶空坠落。

(9) 在脚手架或工作台上临时堆放组合钢模板部件时,应放平放稳,防止滑落。操作人员的操作工具要随手放入工具袋,不便放入工具袋的要拴绳系在身上或放在稳固的地方。

(10) 在土坑、土槽内支拆模板,要先检查土坡是否稳定,以防止塌方。

(11) 大型模板的安装拆卸,预制凝土模板的安装,应遵守吊装作业安全规定。

(12) 支模过程中,如中途停歇,应将支撑、模板临时固定,防止倾覆。

(13) 承重模板拆除,必须经施工负责人同意,防止混凝土结构因强度不够而坍塌。为避免整片模板突然坠落,必要时,应先设立临时支撑,然后进行拆卸。

(14) 拆除模板应按顺序分段进行。

(15) 已拆除木杠板上的钉子,应拔出或砸弯,以防止扎脚。模板堆放应稳定,如不稳定,必须进行加固。

第四节　滑动模板施工安全

一、基本规定

(1) 滑动模板施工应编制滑模专项施工方案。专项施工方案应经施工单位、监理单位和建设单位负责人签字。施工单位应按审批后的滑动模板专项方案组织施工。

（2）滑动模板施工前，施工单位负责人应按滑模专项施工方案的要求向参加滑模工程施工的现场管理人员和操作人员进行安全技术交底。参加滑模工程施工的人员，应进行技术培训和安全教育，使其了解本工程滑动模板的施工特点和本岗位的安全技术操作规程，并通过考试合格后方能上岗工作。主要施工人员应相对固定。

（3）滑动模板装置的设计、制作及滑模施工应符合国家现行标准《滑动模板工程技术规范》（GB 50113—2005）和《水工建筑物滑动模板施工技术规范》（SL 32—2014）的规定。

（4）滑动模板施工中应及时掌握当地气象情况，遇到雷雨、大雾、六级和六级以上大风时，露天滑动模板应停止施工，采取停滑措施。停工前应先采取停滑措施，对设备、工具、零散材料、可移动的铺板等进行整理、固定并做好防护，切断操作平台电源。恢复施工时应对安全设施进行检查，发现有松动、变形、损坏或脱落现象，应立即修理完善。

（5）滑动模板操作平台上的施工人员应能适应高处作业环境。施工人员应定期进行体检，凡患有高血压、心脏病、癫痫等不适应高空作业疾病的，不得上操作平台工作。

（6）滑动模板施工不宜在负温条件下进行，如需要在负温条件下施工时，应制定相应的安全技术措施。

（7）滑动模板系统安装完毕后，应按照有关要求进行安全验收。

（8）滑动模板施工现场的防雷装置应符合国家现行标准《建筑物防雷设计规范》（GB 50057—2010）的规定。

（9）夜间滑动模板施工应有充足的照明。施工现场的动力、照明用电应符合国家现行标准《建设工程施工现场供用电安全规范》（GB 50194—2014）的规定。

二、安全操作要求

1. 施工现场

（1）滑动模板施工现场布置应按施工组织设计进行。施工现场应具备场地平整、道路畅通、排水顺畅等条件,现场布置应按批准的总平面图进行。

(2) 在施工的建(构)筑物周围应划出施工危险警戒区,警戒线至建(构)筑物外边线的距离不应小于施工对象高度的1/10,且不小于10m。警戒线应设置围栏和明显的警戒标志,施工区出入口应设专人警卫。

(3) 滑动模板施工现场应与其他施工区、办公和生活区划分清晰,并应采取相应的警戒隔离措施。

(4) 滑动模板操作平台上应设专人负责消防工作,不得存放易燃易爆物品,平台上不得超载存放建筑材料、构件等。

(5) 危险警戒区内的建筑物出入口、地面通道及机械操作场所,应搭设高度不小于2.5m的安全防护棚;当滑动模板施工进行立体交叉作业时,上、下工作面之间应搭设隔离安全棚,安全棚应定期清理坠落物。

(6) 滑动模板施工形成的对施工人员有危险的孔洞,应及时围护或封闭。

(7) 现场垂直运输机械的布置应符合下列要求:

1) 垂直运输用的卷扬机应布置在危险警戒区以外,并尽可能布置在能与滑动模板工作面上、下通视的位置。

2) 当采用多台吊车同时交叉作业时,应有防止相互碰撞的措施。

(8) 陡坡上的滑动模板施工应有保证安全的措施。牵引机具为卷扬机钢丝绳时,地锚要安全可靠;牵引机具为液压千斤顶时,应对千斤顶的配套拉杆作整根试验检查,并应设保证安全的钢丝绳、卡钳、倒链等保险措施。

2. 滑动模板操作平台

(1) 滑动模板操作平台的制作、安装应经检验合格,符合设计要求。

(2) 操作平台及悬挂脚手架上的铺板应严密、平整、固定可靠并防滑。操作平台上的孔洞应设盖板或防护栏杆。

(3) 操作平台及悬挂脚手架边缘应设防护栏杆,其高度不小于120cm,横挡间距不大于35cm,底部设高度不小于

18cm 的挡板。在防护栏杆外侧应挂安全网封闭。

3. 提升(牵引)系统和人员上下交通

(1) 滑动模板模体牵引系统为卷扬机——钢丝绳时,应有可靠的天锚、地锚。牵引所用钢丝绳应进行应力计算并保证满足规范规定的安全系数;滑轮直径与钢丝绳直径之比不得小于 40。

(2) 滑动模板模体提升系统为液压穿心千斤顶时,应进行千斤顶及与其配套支承杆的承载能力试验。

(3) 滑动模板模体提升系统为连续拉伸式液压千斤顶时,应进行千斤顶及安全夹持器承载能力试验、钢绞线抗拉强度及锚固强度试验。

(4) 滑动模板模体提升系统为液压爬轨器时,应进行承载能力试验。

(5) 应在保证施工安全的前提下,根据滑动模板的施工特点,建筑物的体型、地形及周围环境等条件选择提升运输设备。

(6) 提升运输设备应有完善可靠的安全保护装置,如制动、限位、限载、信号、紧急安全开关等装置,运输人员的提升设备还应设置牵引失效保护装置、触地缓冲器。

(7) 提升运输设备安装完毕后,应进行负荷试验和安全保护装置的可靠性试验,并进行验收。

(8) 对提升运输设备应进行定期检修和保养。

(9) 提升运输设备的操作人员应通过专业培训,考试合格后持证上岗。

(10) 滑动模板施工采用卷扬机运送物料和人员时,宜采用双绳双筒同步卷扬机。运载工具应沿轨道或导轨运行。采用柔性导轨时,应采用金属芯钢丝绳,其直径宜为19.5mm。柔性导轨应设张紧力测力装置,张紧力可按 10～12kN/100m 控制,两根导轨的张紧力之差不宜超过控制标准的 20%。

(11) 使用非标准电梯或罐笼时,其接触地面处应设置缓冲器。

（12）面板滑动模板的人员交通宜设置专门的爬梯和扶手；斜井、竖井的人员交通应设置专门的升降系统和爬梯。

（13）面板、斜井、竖井滑动模板的钢筋、设备等运输，应设置专门的运输工具或提升系统。

（14）当混凝土采用溜管或溜槽下料时，下料系统应设置保护装置，溜管、溜槽应采用钢丝绳串连，每节溜槽或溜管均与钢丝绳可靠连接，每隔 $10\sim15m$ 将钢丝绳与锚固物可靠固定。

4. 安全用电

（1）滑动模板施工的电气系统应进行专项设计，动力电源应有安全保护装置。滑动模板施工应配备备用电源。对没有备用电源的现场，必须设有停电时操作平台上施工人员撤离的安全通道。

（2）滑动模板施工现场的场地和操作平台上应分别设置配电装置，场地设置的配电装置内应设有保护线路和设备的漏电保护器，操作平台上设置的配电装置内应设有保护人身安全的漏电保护器。附着在操作平台上的垂直运输设备应有上下两套紧急断电装置。总开关和集中控制开关应有明显标志。

（3）悬空的供电电缆应采用拉索悬吊。

（4）滑动模板施工中发生较长时间停工时，应切断操作平台上的电源。

（5）滑动模板施工现场的夜间照明，应保证工作面照明充分，其照明设施应符合下列规定：施工现场的照明灯具距地面的高度不应低于 2.5m。在易燃、易爆的场所，应使用防爆灯具；操作平台上的便携式照明灯具应采用安全电压电源，其电压不应高于 36V；潮湿场所电压不应高于 24V；操作平台上有高于 36V 的固定照明灯具时，应在其线路上设置漏电保护器，灯泡应配置防雨灯伞或保护罩。

（6）滑动模板操作平台上采用 380V 电压的电器设备，应安装漏电保护器和失压保护装置。经常移动的用电设备和机具的电源线，应使用橡胶绝缘软线。

（7）滑动模板操作平台上的总配电装置应安装在便于操作、调整和维修的地方。开关及插座应安装在配电箱内，并采取防雨措施。

（8）敷设在滑动模板操作平台上的各种固定的电气线路，应安装在隐蔽处；对无法隐蔽的线路，应有保护措施。

（9）滑动模板操作平台上用电设备的接地线或接零线应与操作平台的接地干线有良好的电气通路。

（10）当施工中停至作业 1h 及以上时，应切断操作平台上的电源。

5. 通信与信号

（1）滑动模板施工所采用的通信联络方式应简便直接、指挥方便，所用装置应灵敏可靠。各处信号应统一，并挂牌标示。

（2）在滑动模板施工过程中，通信联络设备及信号应设专人管理和使用。

（3）滑动模板施工的通信联络应有声、光、电话三套独立信号装置。

（4）当滑动模板操作平台最高部位超出地面 50m 以上时，应按航空部门的要求设置航空指示信号。

6. 防雷

（1）滑动模板施工的防雷装置应符合国家现行标准《建筑物防雷设计规范》（GB 50057—2010）的要求。

（2）滑动模板施工过程中的防雷措施，应符合下列规定：

1）露天高耸建筑物滑动模板操作平台必须有防雷装置。

2）施工现场的井架、脚手架、升降机械、钢索、起重机轨道、管道等大型金属物体，应与防雷装置的引下线相连。

3）防雷装置应具有良好的电气通路，并与接地体相连。

（3）滑动模板操作平台上的防雷装置应设专用的引下线或利用建筑物的永久引下线。当采用结构钢筋作引下线时，应明确引下线走向；作为引下线的结构钢筋接头，必须焊接成电气通路，结构钢筋底部应与接地体连接。

（4）在滑动模板施工过程中,应妥善保护防雷装置引下线的电气通路。当由于施工需要必须将引下线拆除时,应待另一条引下线安装好后,方准拆除原引下线。

（5）雷雨时,所有露天高空作业人员应撤出作业区,人体不得接触防雷装置。

（6）露天滑动模板施工在雷雨季节到来之前,或因气候、季节等原因停工后复工之前,均应对防雷装置进行全面检查,检查合格后方可继续施工。

7. 消防

（1）操作平台上不应存放易燃物品,不得使用明火;应设置足够和适用的消防器材,施工用水管及爬梯等应随滑随安。用过的油布、棉纱等易燃物应及时回收,妥善保管。

（2）在操作平台上进行电（气）焊时,应采取防火措施,并安排专人进行防火监控。

（3）滑动模板施工现场的消防设备及器材,应设置在明显和便于取用的地点,其附近不得堆放其他物品。

（4）消防设备及器材应由专人负责管理,定期检查维修,使其保持完好。寒冷季节应对消防栓、灭火器等采取防冻措施。

（5）临时工棚与施工设施之间的防火距离应不小于6m,其间不应堆放易燃物,应保证消防车辆通道畅通。

8. 施工操作

（1）开始滑升之前,应对滑动模板系统进行全面的安全检查,并应符合下列要求:

1）操作平台系统、模板系统及其连接符合设计要求;

2）液压系统经调试、检验及支承杆选用、检验应符合国家现行标准《滑动模板工程技术规范》（GB 50113—2005）中的规定;

3）垂直运输系统及其安全保护装置试车合格;

4）动力及照明用电线路的检查及设备保护接地装置检验合格;

5）通信联络与信号装置试用合格;

6）安全防护设施符合施工安全的技术要求；

7）消防、防雷等设施的配置应符合专项施工方案的要求；

8）应完成员工上岗前的安全教育及有关人员的考核工作、技术交底；

9）各项管理制度应健全。

（2）操作平台上材料堆放的位置和数量应符合施工组织设计的要求，不用的材料、构件应及时清理，运至地面。

（3）模体滑升应在施工指挥人员的统一指挥下进行。

（4）滑升速度应严格按要求进行控制，不得随意提高滑升速度。每作业班应设专人负责检查混凝土的出模强度，控制混凝土出模强度不低于设计出模强度。若发现安全问题，应立即停滑，进行处理。

（5）竖直滑动模板在滑升过程中，操作平台应保持水平，各千斤顶的相对高差应不大于20mm，相邻两个提升架上千斤顶的相对高差应不大于10mm。

（6）滑升过程中应严格控制滑动模板结构的偏移和扭转。纠偏、纠扭操作应在施工指挥人员的统一指挥下，按施工组织设计预定的方法进行。

（7）滑动模板施工中应按下列要求对支承杆的接头进行检查：

1）同一结构截面内，支承杆接头的数量不应大于总数量的25%，其位置应均匀分布。

2）工具式支承杆的丝扣接头应拧紧到位。

3）榫接或作为结构钢筋使用的非工具式支承杆接头，千斤顶通过后应进行等强焊接。

（8）滑升过程中，应随时检查支承杆的工作状态，若出现弯曲、倾斜等失稳情况，应及时查明原因，并采取有效的加固措施。

（9）空滑时，应对支承杆采取加固措施。

（10）滑动模板施工中，应随时对垂直运输系统进行安全检查。

9. 滑动模板装置拆除

（1）滑动模板装置拆除前，应制定详细的滑动模板装置拆除施工方案，明确拆除的内容、方法、程序、使用的机械设备、安全措施及指挥人员的职责等。

（2）滑动模板装置拆除应由专业队伍承担，并由专人负责统一指挥。

（3）用于滑动模板装置拆除的垂直运输设备和机具，应经检查合格后方准使用。

（4）滑动模板装置拆除前，应检查各支承点埋设件是否牢固，作业人员上下走道是否安全可靠。

（5）露天拆除作业应在白天进行，拆除的部件不得从高空抛下。

（6）雨、雪、雾、大风（风力≥5级）等恶劣天气，不得进行露天滑动模板装置高空拆除作业。

知识链接

★滑模施工现场的场地和操作平台上应分别设置配电装置。附着在操作平台上的垂直运输设备应有上下两套紧急断电装置。总开关和集中控制的开关应有明显标志。

★露天施工，滑模应有可靠的防雷接地装置，防雷接地应单独设置，不应与保护接地混合。

——《水利工程建设标准强制性条文》(2016年版)

第七章

模板工程质量控制检查与验收

第一节　模板工程质量控制与检查

一、模板工程质量控制要点

模板材料及制作、安装等工序均应进行质量检查，合格后方可进行下一工序的施工。模板安装、拆除的顺序应按审定的施工措施计划执行。

1. 模板制作

（1）模板制作的允许偏差，不应超过表 7-1 的规定。

表 7-1　　　　　模板制作的允许偏差　　　　（单位：mm）

项次	偏差名称	允许偏差
一、钢模、胶合模板及竹胶合模板		
1	小型模板：长和宽	±2
2	大型模板（长、宽大于 3m）：长和宽	+1，−2
3	大型模板对角线	±3
4	相邻两板面高差	1
5	两块模板间的拼缝宽度	1
6	模板侧面不平整度	1.5
7	模板面局部不平（用 2m 直尺检查）	2
8	连接配件的孔眼位置	±1
二、木模		
1	小型模板：长和宽	±3
2	大型模板（长、宽大于 3m）：长和宽	±5
3	大型模板对角线	±5
4	相邻两板面高差	1
5	局部不平（用 2m 直尺检查）	5
6	板面缝隙	2

　　注：异型模板（蜗壳、尾水管等）、滑动模板、移置模板、永久性模板等特种模板，其制作允许偏差，按有关规定和要求执行。

（2）钢模面板及活动部分应涂防锈油脂,但面板油脂不应影响混凝土表面颜色。其他部分应涂防锈漆。

2. 模板安装

（1）模板安装前,应按设计图纸测量放样,重要结构应多设控制点,以利检查校正。

（2）支架应支承在坚实的地基或老混凝土上,并应有足够的支承面积,斜撑应防止滑动。竖向模板和支架安装在基土上时应加设垫板,且基土应坚实并有排水措施。湿陷性黄土应有防水措施;冻胀性土应有防冻融措施。

（3）现浇钢筋混凝土梁、板和孔洞顶部模板,跨度不小于4m时,模板应设置预拱;当结构设计无具体要求时,预拱高度宜为全跨长度的 $1/1000 \sim 3/1000$。

（4）模板的钢拉杆不应弯曲,拉杆直径宜大于 8mm,拉杆与锚固头应连接牢固。预埋在下层混凝土中的锚固件(螺栓、钢筋环等),承受荷载时,应有足够的锚固强度。

（5）模板与混凝土接触的面板,以及各块模板接缝处,应平整、密合,防止漏浆,保证混凝土表面的平整度和混凝土的密实性。

（6）建筑物分层施工时,应逐层校正下层偏差,模板下端应紧贴混凝土面。

（7）模板与混凝土的接触面应涂刷脱模剂,并避免脱模剂污染或侵蚀钢筋和混凝土,不应采用影响结构性能或妨碍安装工程施工的脱模剂。

（8）模板安装的允许偏差,应根据结构物的安全、运行条件、经济和美观等要求确定。

1) 大体积混凝土模板安装的允许偏差,应遵守表 7-2 的规定。

2) 大体积混凝土以外的现浇结构模板安装的允许偏差,应遵守表 7-3 的规定。

3) 预制构件模板安装的允许偏差,应遵守表 7-4 的规定。

4) 高速水流区、流态复杂部位、机电设备安装部位的模板,应符合有关设计要求。

5）永久性模板、滑动模板、移置模板等特种模板的安装允许误差,按结构设计要求和模板设计要求执行。

（9）钢承重骨架的模板,应按设计位置可靠地固定在承重骨架上,在运输及浇筑时不应错位。承重骨架安装前,宜先做试吊及承载试验。

表 7-2　　　大体积混凝土模板安装的允许偏差　（单位：mm）

项次	偏差项目		混凝土结构部位	
			外露表面	隐蔽内面
1	面板平整度	相邻两板面高差	钢模,2; 木模,3	5
		局部不平 （用 2m 直尺检查）	钢模,3; 木模,5	10
2	结构物边线与设计边线		内模板,−10～0; 外模板,0～+10	15
3	结构物水平截面内部尺寸		±20	
4	承重模板标高		0～+5	
5	预留孔、洞	中心线位置	±10	
		截面内部尺寸	−10	

注：外露表面、隐蔽内面系指相应模板的混凝土结构表面最终所处的位置。

表 7-3　　　　　现浇结构模板安装的允许偏差　　（单位：mm）

项次	偏差项目		允许偏差
1	轴线位置		5
	底模上表面标高		+5,0
2	截面内部尺寸	基础	±10
		柱、梁、墙	+4,−5
3	局部垂直	全高≤5m	6
		全高>5m	8
4	相邻两板面高差		2
	表面局部不平（用 2m 直尺检查）		5

表 7-4　　　　　　预制构件模板安装的允许偏差　　　（单位：mm）

项次	偏差项目		允许偏差
1	长度	板、梁	$+5$
		柱	$0,-10$
		墙板	$0,-5$
2	宽度	板、墙板	$0,-5$
		梁、柱	$+2,-5$
3	高度	板	$+2,-3$
		墙板	$0,-5$
		梁、柱	$+2,-5$
4	板的对角线差		7
	墙板的对角线差		5
	相邻两板面高差		1
	板的表面平整(2m 长度上)		3
5	侧向弯曲	梁、柱、板	$L/1000$ 且$\leqslant 15$
		墙板	$L/1500$ 且$\leqslant 15$

注：L 为构件长度。

（10）模板上，不应堆放超过设计荷载的材料及设备。混凝土浇筑时，应按模板设计荷载控制浇筑顺序、浇筑速度及施工荷载，应及时清除模板上的杂物。

（11）混凝土浇筑过程中，应安排专业人员负责模板的检查。对承重模板，应加强检查、维护。模板如有变形、位移，应及时采取措施，必要时停止混凝土浇筑。

3. 模板拆除与维修

（1）拆除模板的期限，应遵守下列规定：

1）不承重的侧面模板，混凝土强度达到 2.5MPa 以上，保证其表面及棱角不因拆模而损坏时，方可拆除。

2）钢筋混凝土结构的承重模板，混凝土达到下列强度后（按混凝土设计强度标准值的百分率计），方可拆除。

①悬臂板、梁：跨度 $l\leqslant 2m$，75%；跨度 $l>2m$，100%。

②其他梁、板、拱：跨度 $l\leqslant 2m$，50%；2m<跨度 $l\leqslant 8m$,

75%;跨度 $l>8m$,100%。

（2）拆模时，应根据锚固情况，分批拆除锚固连接件，防止大片模板坠落。拆模应使用专门工具，以减少混凝土及模板的损伤。

（3）预制构件模板拆除时的混凝土强度，应符合设计要求；当设计无具体要求时，应遵守下列规定：

1）侧模：混凝土强度能保证构件不变形、棱角完整时，方可拆除。

2）预留孔洞的内模：混凝土强度能保证构件和孔洞表面不发生塌陷和裂缝后，方可拆除。

3）底模：构件跨度不大于 4m 时，混凝土强度达到混凝土设计强度标准值的 50% 后，方可拆除；构件跨度大于 4m 时，在混凝土强度达到混凝土设计强度标准值的 75% 后，方可拆除。

（4）后张法预应力混凝土结构构件模板的拆除，除应符合以上规定外，侧模应在预应力张拉前拆除，底模应在结构构件建立预应力并完成封锚后拆除。

（5）拆模的顺序及方法应按相关规定进行。当无规定时，模板拆除可采取先支的后拆、后支的先拆，先拆非承重模板、后拆承重模板的顺序，并应从上而下进行拆除。

（6）拆下的模板和支架应及时清理、维修，并分类堆存、妥善保管。钢模应设仓库存放，并防锈。大型模板堆放时，应垫放平稳，以防变形，必要时应加固。

4. 特种模板

（1）特种模板包括永久模板、滑动模板、移置模板、翻转模板及装饰模板等。

（2）永久模板应遵守下列规定：

1）永久模板如构成永久结构的一部分，应进行结构设计复核。

2）混凝土重力式竖向模板用作永久性模板时，应遵守下列规定：

① 面板厚度宜大于 0.2m。

② 单位面积质量宜不小于 1000kg。

③ 稳定特性值(混凝土模板的重心到前趾的水平距离)宜不小于 0.4m。

④ 混凝土重力式模板的抗倾及抗滑安全系数均应大于 1.2。

3) 混凝土模板与现浇混凝土的结合面,应在浇筑混凝土前加工成粗糙面,并清洗、湿润。浇筑时不应沾染松散砂浆等污物。同时应加强平仓振捣。

(3) 滑动模板应遵守下列规定:

1) 每段模板沿滑动方向的长度,应与平均滑动速度和混凝土脱模时间相适应,宜为 1~1.5m。滑模的支承构件及提升(拖动)设备应能保证模板结构均衡滑动,导向构件应能保证模板准确地按设计方向滑动。提升(拖动)宜采用液压设备,也可采用卷扬机或其他设备。

2) 浇筑面板的侧模允许安装偏差为 3mm,20m 范围内起伏差为 5mm。

3) 滑动模板滑动速度应与混凝土的早期强度增长速度相适应。混凝土在脱模时应不坍塌,不拉裂。模板沿竖直方向滑升时,混凝土的脱模强度应控制在 0.2~0.4MPa。模板沿倾斜或水平方向滑动时,混凝土的脱模强度应经过计算和试验确定。

4) 面板混凝土滑动模板滑升前,必须清除前沿超填混凝土。平均滑升速度宜为 1~2m/h,最大滑升速度不宜超过 4m/h。

(4) 移置模板应遵守下列规定:

1) 隧洞衬砌宜优先选用模板台车。圆形断面的隧洞衬砌宜优先选用针梁模板等模板台车。高耸结构物可选用滑框倒模、爬升(顶升)模板等。

2) 模板台车应遵守下列规定:

① 模板台车应有可靠的导向装置(如轨道、针梁等)。模板顶拱上应设置封拱器。

② 模板台车脱模,直立面混凝土的强度不应小于

0.8MPa；拆模时混凝土应能承受自重，并且表面和棱角不被损坏。洞径不大于10m的隧洞顶拱混凝土强度可按达到5.0MPa控制；洞径大于10m的隧洞顶拱混凝土需要达到的强度，应专门论证；隧洞混凝土衬砌结构承受围岩压力时，应经计算和试验确定脱模时混凝土需要达到的强度。

3）滑框倒模应遵守下列规定：

① 模板应根据建筑物体形进行专门设计。

② 模板平台滑升过程中，应进行滑升垂直度和水平度的监测。每浇筑2m宜进行一次混凝土块体体形检测，如果体形偏差大于设计允许值或其他有关规定时，应立即停滑，待采取纠正措施后方可恢复施工。

③ 混凝土的脱模强度不应小于0.4MPa。脱模操作架应安全、可靠，并便于倒模操作。拆除的单块模板应及时清理面板表面，并涂刷脱模剂。变形的单块模板应更换。

（5）翻转模板应遵守下列规定：

1）翻转模板主要由面板、支承件、锚固件、工作平台以及其他辅助设施组成。支承件宜采用桁架形式；锚固件的螺栓与锥体应设计为整体结构，使螺栓与锥体的安装、拆卸一次完成。

2）宜采用3块模板进行翻转，浇筑时连续翻转上升，每块模板高度方向应设置锚筋取值。

3）施工前应进行锚筋锚固强度试验，施工现场进行验证性试验。

（6）装饰模板应遵守下列规定：

1）模板安装前，应有模板安装详图，将开孔、施工缝、伸缩缝等项目详细标注在模板安装图上。

2）模板安装时，接缝应对称。施工缝应在模板上固定平整的板条，使成型表面的接缝平直清晰。

3）模板伸出混凝土外的拉杆应采用端部可拆卸的结构形式。

4）模板颜色、花纹等应符合设计要求。

二、模板工程质量的检查与验收

1. 一般规定

(1) 模板工程应编制施工方案。爬升式模板工程、工具式模板工程及高大模板支架工程的施工方案,应按有关规定进行技术论证。

(2) 模板及支架应根据安装、使用和拆除工况进行设计,并应满足承载力、刚度和整体稳固性要求。

(3) 模板及支架拆除的顺序及安全措施应符合现行国家标准《混凝土结构工程施工规范》(GB 50666—2011)的规定和施工方案的要求。

2. 模板安装

(1) 主控项目。

1) 模板及支架用材料的技术指标应符合国家现行有关标准的规定。进场时应抽样检验模板和支架材料的外观、规格和尺寸。

检查数量:按国家现行相关标准的规定确定。

检验方法:检查质量证明文件,观察,尺量。

2) 现浇混凝土结构模板及支架的安装质量,应符合国家现行有关标准的规定和施工方案的要求。

检查数量:按国家现行相关标准的规定确定。

检验方法:按国家现行有关标准的规定执行。

3) 后浇带处的模板及支架应独立设置。

检查数量:全数检查。

检验方法:观察。

4) 支架竖杆和竖向模板安装在土层上时,应符合下列规定:

① 土层应坚实、平整。其承载力或密实度应符合施工方案的要求;

② 应有防水、排水措施;对冻胀性土,应有预防冻融措施;

③ 支架竖杆下应有底座或垫板。

检查数量:全数检查。

检验方法:观察;检查土层密实度检测报告、土层承载力验算或现场检测报告。

(2) 一般项目。

1) 模板安装质量应符合下列规定:

① 模板的接缝应严密;

② 模板内不应有杂物、积水或冰雪等;

③ 模板与混凝土的接触面应平整、清洁;

④ 用作模板的地坪、胎膜等应平整、清洁,不应有影响构件质量的下沉、裂缝、起砂或起鼓;

⑤ 对清水混凝土及装饰混凝土构件,应使用能达到设计效果的模板。

检查数量:全数检查。

检验方法:观察。

2) 隔离剂的品种和涂刷方法应符合施工方案的要求。隔离剂不得影响结构性能及装饰施工;不得沾污钢筋、预应力筋、预埋件和混凝土接槎处;不得对环境造成污染。

检查数量:全数检查。

检验方法:检查质量证明文件;观察。

3) 模板的起拱应符合现行国家标准《混凝土结构工程施工规范》(GB 50666—2011)的规定,并应符合设计及施工方案的要求。

检查数量:在同一检验批内,对梁,跨度大于 18m 时应全数检查,跨度不大于 18m 时应抽查构件数量的 10%,且不应少于 3 件;对板,应按有代表性的自然间抽查 10%,且不应少于 3 间;对大空间结构,板可按纵、横轴线划分检查面,抽查 10%,且不应少于 3 面。

检验方法:水准仪或尺量。

4) 现浇混凝土结构多层连续支模应符合施工方案的规定。上下层模板支架的竖杆宜对准。竖杆下垫板的设置应符合施工方案的要求。

检查数量:全数检查。

检验方法:观察。

5）固定在模板上的预埋件和预留孔洞不得遗漏，且应安装牢固。有抗渗要求的混凝土结构中的预埋件，应按设计及施工方案的要求采取防渗措施。

预埋件和预留孔洞的位置应满足设计和施工方案的要求。当设计无具体要求时，其位置偏差应符合表 7-5 的规定。

检查数量：在同一检验批内，对梁、柱和独立基础，应抽查构件数量的 10%，且不应少于 3 件；对墙和板，应按有代表性的自然间抽查 10%，且不应少于 3 间；对大空间结构墙可按相邻轴线间高度 5m 左右划分检查面，板可按纵、横轴线划分检查面，抽查 10%，且均不应少于 3 面。

检验方法：观察，尺量。

表 7-5 预埋件和预留孔洞的安装允许偏差

项目		允许偏差/mm
预埋板中心线位置		3
预埋管、预留孔中心线位置		3
插筋	中心线位置	5
	外露长度	+10,0
预埋螺栓	中心线位置	2
	外露长度	+10,0
预留洞	中心线位置	10
	尺寸	+10,0

注：检查中心线位置时，沿纵、横两个方向量测，并取其中偏差的较大值。

6）现浇结构模板安装的尺寸偏差及检验方法应符合表 7-6 的规定。

检查数量：在同一检验批内，对梁、柱和独立基础，应抽查构件数量的 10%，且不应少于 3 件；对墙和板，应按有代表性的自然间抽查 10%，且不应少于 3 间；对大空间结构墙可按相邻轴线间高度 5m 左右划分检查面，板可按纵、横轴线划分检查面，抽查 10%，且均不应少于 3 面。

7）预制构件模板安装的偏差及检验方法应符合表 7-7 的规定。

表 7-6　　　现浇结构模板安装的允许偏差及检验方法

项目		允许偏差/mm	检验方法
轴线位置		5	尺量
底模上表面标高		±5	水准仪或拉线、尺量
模板内部尺寸	基础	±10	尺量
	柱、墙、梁	±5	尺量
	楼梯相邻踏步高差	±5	尺量
垂直度	柱、墙层高≤6m	8	经纬仪或吊线、尺量
	柱、墙层高>6m	10	经纬仪或吊线、尺量
相邻两块模板表面高差		2	尺量
表面平整度		5	2m靠尺和塞尺量测

注：检查轴线位置，当有纵横两个方向时，沿纵、横两个方向量测，并取其中偏差的较大值。

表 7-7　　　预制构件模板安装的允许偏差及检验方法

项目		允许偏差/mm	检验方法
长度	梁、板	±4	尺量两侧边，取其中较大值
	薄腹梁、桁架	±8	
	柱	0，−10	
	墙板	0，−5	
宽度	板、墙板	0，−5	尺量两端及中部，取其中较大值
	梁、薄腹梁、桁架	+2，−5	
高(厚)度	板	+2，−3	尺量两端及中部，取其中较大值
	墙板	0，−5	
	梁、薄腹梁、桁架、柱	+2，−5	
侧向弯曲	梁、板、柱	L/1000 且≤15	拉线、尺量最大弯曲处
	墙板、薄腹梁、桁架	L/1500 且≤15	
板的表面平整度		3	2m靠尺和塞尺量测
相邻两板表面高低差		1	尺量
对角线差	板	7	尺量两对角线
	墙板	5	
翘曲	板、墙板	L/1500	水平尺在两端量测
设计起拱	薄腹梁、桁架、梁	±3	拉线、尺量跨中

注：L为构件长度，单位为 mm。

检查数量：首次使用及大修后的模板应全数检查；使用中的模板应抽查 10%，且不应少于 5 件，不足 5 件时应全数检查。

第二节　模板工程质量等级评定

水利水电工程施工质量等级分为"合格""优良"两级。合格等级是必须达到的等级，政府验收时，只按"合格"确定工程质量等级。优良等级是为工程质量创优或执行合同约定而设置。

《水利水电工程施工质量检验与评定规程》（SL 176—2007）规定：水利水电工程质量检验与评定应进行项目划分。项目按级划分为单位工程、分部工程、单元（工序）工程等三级。

其中，单元工程是指据建筑物设计结构、施工部署和质量考核要求，将分部工程划分为若干个层、块、区、段，每一层、块、区、段为一个单元工程，通常是由若干个工序组成的综合体，是施工质量考核的基本单位；工序是指按施工的先后顺序将单元工程划分成的若干个具体施工过程或施工步骤。对单元工程质量影响较大的工序称为主要工序。

为加强水利水电工程施工质量管理，统一混凝土工程的单元工程施工质量验收评定标准，规范单元工程验收评定工作，水利部制定了《水利水电工程单元工程施工质量验收评定标准——混凝土工程》（SL 632—2012）。

在水利水电工程混凝土施工中，模板施工是最重要的控制性工序之一，模板施工不仅直接影响到混凝土的施工进度和质量，而且也直接影响施工效益的好坏。

一、一般规定

SL 632—2012 中规定：

1. 单元工程工序划分

单元工程按工序划分情况，应分为划分工序单元工程和不划分工序单元工程。

（1）划分工序单元工程应先进行工序施工质量验收评定。应在工序验收评定合格和施工项目实体质量检验合格的基础上，进行单元工程施工质量验收评定。

（2）不划分工序单元工程的施工质量验收评定，应在单元工程中所包含的检验项目检验合格和施工项目实体质量检验合格的基础上进行。

单元工程施工质量验收评定，一般是在工序验收评定合格的基础上进行。当该单元工程未划分出工序时，按检验项目直接验收评定。

2. 检验项目

检验项目应分为主控项目和一般项目。主控项目是指对单元工程的功能起决定作用或对安全、卫生、环境保护有重大影响的检验项目。一般项目是指除主控项目以外的检验项目。

工序和单元工程施工质量等各类项目的检验，应采用随机布点和监理工程师现场指定区位相结合的方式进行。检验方法及数量应符合本标准和相关标准的规定。

工序和单元工程施工质量验收评定表及其备查资料的制备应由工程施工单位负责，其规格宜采用国际标准 A4（210mm×297mm），验收评定表一式 4 份，备查资料一式 2 份，其中验收评定表及其备查资料各 1 份应由监理单位保存，其余应由施工单位保存。工序施工质量验收评定表见表 7-8。

二、质量等级评定标准

规范 SL 632—2012 中规定：

单元工程中的工序分为主要工序和一般工序。主要工序和一般工序的划分应按该标准的规定执行。

该标准中，根据工序对单元工程施工质量的影响程度不同，规定了每个单元工程的主要工序和一般工序，以便验收评定时抓住重点。

表 7-8   工序施工质量验收评定表见

单位工程名称			工序编号		
分部工程名称			施工单位		
单元工程名称、部位			施工日期	年 月 日～	年 月 日
项次		检验项目	质量标准	检查(测)记录	合格数	合格率
主控项目	1					
	2					
	3					
	...					
一般项目	1					
	2					
	3					
	...					
施工单位自评意见	主控项目检验点 100%合格,一般项目逐项检验点的合格率 %,且不合格点不集中分布。 工序质量等级评定为: (签字,加盖公章) 年 月 日					
监理单位复核意见	经复核,主控项目检验点 100%合格,一般项目逐项检验点的合格率 %,且不合格点不集中分布。 工序质量等级评定为: (签字,加盖公章) 年 月 日					

1. 工序施工质量验收评定应具备下列条件:

(1) 工序中所有施工项目(或施工内容)已完成,现场具备验收条件。

(2) 工序中所包含的施工质量检验项目经施工单位自检全部合格。

2. 工序施工质量验收评定应按下列程序进行:

(1) 施工单位应首先对已经完成的工序施工质量按本标准进行自检,并做好检验记录。

(2) 施工单位自检合格后,应填写工序施工质量验收评定表(附录 A),质量责任人履行相应签认手续后,向监理单位申请复核。

（3）监理单位收到申请后，应在 4h 内进行复核。复核包括下列内容：

1）核查施工单位报验资料是否真实、齐全。

2）结合平行检测和跟踪检测结果等，复核工序施工质量检验项目是否符合本标准的要求。

3）在施工单位提交的工序施工质量验收评定表中填写复核记录，并签署工序施工质量评定意见，核定工序施工质量等级，相关责任人履行相应签认手续。

3. 工序施工质量验收评定应包括下列资料：

（1）施工单位报验时，应提交下列资料：

1）各班（组）的初检记录、施工队复检记录、施工单位专职质检员终检记录。

2）工序中各施工质量检验项目的检验资料。

3）施工单位自检完成后，填写的工序施工质量验收评定表。

（2）监理单位应提交下列资料：

1）监理单位对工序中施工质量检验项目的平行检测资料。

2）监理工程师签署质量复核意见的工序施工质量验收评定表。

4. 工序施工质量验收评定分为合格和优良两个等级，其标准应符合下列规定：

（1）合格等级标准应符合下列规定：

1）主控项目，检验结果应全部符合本标准的要求。

2）一般项目，逐项应有 70% 及以上的检验点合格，且不合格点不应集中。

3）各项报验资料应符合本标准的要求。

（2）优良等级标准应符合下列规定：

1）主控项目，检验结果应全部符合本标准的要求。

2）一般项目，逐项应有 90% 及以上的检验点合格，且不合格点不应集中。

3）各项报验资料应符合本标准的要求。

三、模板工程质量的等级评定

SL 632—2012 中规定：

1. 普通混凝土工程中模板工程的质量标准

普通混凝土单元工程分为基础面或施工缝处理、模板安装、钢筋制作及安装、预埋件（止水、伸缩缝等）制作及安装、混凝土浇筑（含养护、脱模）、外观质量检查 6 个工序，其中钢筋制作及安装、混凝土浇筑（含养护、脱模）工序宜为主要工序。

本节适用于定型或现场装配式钢、木模板等的制作及安装；对于特种模板（镶面模板、滑升模板、拉模及钢模台车等）除应符合本标准外，还应符合有关技术标准和设计要求等的规定。

模板制作及安装施工质量标准见表 7-9。

2. 碾压混凝土工程中模板工程的质量标准

碾压混凝土单元工程分为基础面及层面处理、模板安装、预埋件制作及安装、混凝土浇筑、成缝、外观质量检查 6 个工序，其中基础面及层面处理、模板安装、混凝土浇筑宜为主要工序。

模板制作及安装施工质量标准见表 7-10。

3. 混凝土面板工程中模板工程的质量标准

本节适用于混凝土面板堆石坝（含砂砾石填筑的坝）中面板及趾板混凝土施工质量的验收评定。

混凝土面板单元工程分为基面清理、模板安装、钢筋制作及安装、预埋件制作及安装、混凝土浇筑（含养护）、外观质量检查 6 个工序，其中钢筋制作及安装、混凝土浇筑（含养护）工序宜为主要工序。

本节适用于混凝土模板滑模制作及安装、滑模轨道安装工序的施工质量评定，其他模板应符合表 7-9 的规定。

滑模施工应符合《水工建筑物滑动模板施工技术规范》（SL 32—2014）的要求和模板设计要求。

模板制作及安装施工质量标准见表 7-11。

表 7-9

模板制作及安装施工质量标准

项次		检验项目		质量要求	检验方法	检验数量
1		稳定性、刚度和强度		满足混凝土施工荷载要求，并符合模板设计要求	对照模板设计文件及图纸检查	全部
2		承重模板底面高程		允许偏差 0~+5mm（±5mm）	仪器测量	
3	排架、梁、板、柱、墙	结构断面尺寸		允许偏差±10mm	钢尺测量	模板面积在 100m² 以内，检查点数 10 个点；每增加 100m²，检查点数增加不少于 10 个点
		轴线位置		允许偏差±10mm	仪器测量	
		垂直度		允许偏差±5mm	2m 靠尺量测或仪器测量	
4（主控项目）		结构物边线与设计边线	外露表面	内模板，允许偏差-10~0mm；外模板，允许偏差0~+10mm	钢尺测量	
			隐蔽内面	允许偏差 15mm		
5		预留孔、洞尺寸及位置	孔、洞尺寸	允许偏差-10mm	测量、查看图纸	
			孔洞位置	允许偏差±10mm		

项次	检验项目	质量要求		检验方法	检验数量
1	模板平整度、相邻两板面错台	外露表面	钢模：允许偏差 2mm；木模：允许偏差 3mm	2m 靠尺量测或拉线检查	模板面积在 100m² 以内、不少于 10个点；每增加 100m²，检查点数增加不少于 10个点
		隐蔽内面	允许偏差 5mm		
2	局部平整度	外露表面	钢模：允许偏差 3mm；木模：允许偏差 5mm	按水平线（或垂直线）布置检测点，2m 靠尺量测	模板面积在 100m² 以上、不少于 20个点。每增加 100m²，检查点数增加不少于 10点
		隐蔽内面	允许偏差 10mm		
3	板面缝隙	外露表面	钢模：允许偏差 1mm；木模：允许偏差 2mm	量测	100m² 以上，检查 3~5 个点；100m² 以内，检查 1~3 个点
		隐蔽内面	允许偏差 2mm		
4	结构物水平断面内部尺寸		允许偏差 ±20mm	测量	100m² 以上，不少于 10 个点；100m² 以内，不少于 5 个点
5	脱模剂涂刷		产品质量符合标准要求，涂刷均匀，无明显色差	查阅产品质检证明，观察	全面
6	模板外观		表面光洁，无污物	观察	

（左侧纵列：一般项目）

注：1. 外露表面、隐蔽内面系指相应模板的混凝土结构表面最终所处的位置。

2. 有专门要求的高速水流区、溢流面、闸墩、闸门门槽等部位的模板，还应符合有关专项设计的要求。

表 7-10

模板制作及安装施工质量标准

项次		检验项目		质量要求	检验方法	检验数量
主控项目	1	稳定性、刚度和强度		符合模板设计要求	对照文件和图纸检查	全部
	2	结构物边线与设计边线		钢模：允许偏差 10mm 木模：允许偏差 15mm	量测	不少于 5 个点
	3	结构物水平断面内部尺寸		允许偏差 ±20mm	量测	
	4	承重模板标高		允许偏差 5 mm	量测	
一般项目	1	模板平整度：相邻两面板面错台	外露表面	钢模：允许偏差 2mm 木模：允许偏差 3mm	按照水平方向布点 2m 靠尺量测	模板面积在 100m² 以内，不少于 10 个点；100m² 以上，不少于 20 个点
			隐蔽内面	允许偏差 5mm		
	2	局部不平整度	外露表面	钢模：允许偏差 2mm 木模：允许偏差 5mm	2m 靠尺量测	不少于 5 个点
			隐蔽内面	允许偏差 10mm		
	3	板面缝隙	外露表面	钢模：允许偏差 1mm 木模：允许偏差 2 mm	量测	
			隐蔽内面	允许偏差 2mm		

项次		检验项目	质量要求	检验方法	检验数量
一般项目	4	模板外观	规格符合设计要求;表面光洁,无污物	查阅图纸及目视检查	定型钢模板应抽查同一类型、同一规格模板的10%,且不少于3件,其他逐件检查
	5	预留孔、洞尺寸边线	钢模:允许偏差±10mm 木模:允许偏差±15mm	查阅图纸、测量	全数
	6	预留孔、洞中心位置	允许偏差±10mm	查阅图纸、测量	全数
	7	脱模剂	质量符合标准要求;涂抹均匀	观察	全部

注:外露表面、隐蔽内面系指相应模板的混凝土结构物表面最终所处的位置。

表7-11   滑模制作及安装施工质量标准

	项次	检验项目		质量要求	检验方法	检验数量
主控项目	1	滑模结构及其牵引系统		应牢固可靠、便于施工，并应设有安全装置	观察、试运行	全数
	2	模板及其支架		满足设计稳定性、刚度和强度要求	观察、查阅设计文件	全数
一般项目	1	滑模制作及安装	模板表面	处理干净、无任何附着物、表面光滑	观察	全数
	2		脱模剂	涂抹均匀	观察	
	3		外形尺寸	允许偏差±10mm	量测	每100m² 不少于8个点
	4		对角线长度	允许偏差6mm	量测	每100m² 不少于4个点
	5		扭曲	允许偏差4mm	拉线检查	每100m² 不少于16个点
	6		表面局部不平度	允许偏差3mm	2m靠尺量测	每100m² 不少于20个点
	7		滚轮及滑道同距	允许偏差±10mm	量测	每100m² 不少于4个点
	8	滑模轨道制作及安装	轨道安装高程	允许偏差±5mm	量测	每10延米各测一点，总测点
	9		轨道安装中心线	允许偏差±10mm	量测	不少于20个点
	10		轨道接头处轨面错位	允许偏差2mm	量测	每处接头检测2个点

表 7-12

模板制作及安装施工质量标准

项次		检验项目	质量要求	检验方法	检验数量
主控项目	1	稳定性、刚度和强度	符合设计要求	对照文件或设计图纸检查	全部
	2	模板安装	符合设计要求、牢固、不变形、拼接严密	观察、查阅设计图纸	抽查同一类型同一规格模板数量的10%，且不少于3件
	3	结构物边线与设计边线	符合设计要求，允许偏差±15mm	钢尺测量	模板面积在100m²以内，不少于10个点；100m²以上，不少于20个点
	4	预留孔、洞尺寸及位置	位置准确，尺寸允许偏差±10mm	测量，核对图纸	抽查点数不少于总数30%
一般项目	1	模板平整度；相邻两板面错台	允许偏差5mm	尺量（靠尺）测或用拉线检查	模板面积在100m²以内，不少于10个点，100m²以上，不少于20个点
	2	局部平整度	允许偏差10mm	按水平线（或垂直线）布置检测点，靠尺检查	100m²以上，不少于10个点；100m²以内，不少于5个点
	3	板块间隙	允许偏差3mm	尺量	100m²以上，检查1～3个点以内，不少于5个点
	4	结构物水平断面内部尺寸	符合设计要求。允许偏差±20mm	尺量或仪器测量	100m²以上，不少于10个点；100m²以内，不少于5个点
	5	脱模剂涂刷	产品质量符合标准要求。涂抹均匀，无明显色差	查阅产品质检证明、目视检查	全部

4. 沥青混凝土工程中模板工程的质量标准

本节适用于碾压式沥青混凝土心墙、沥青混凝土面板工程。沥青混凝土心墙施工分为基座结合面处理及沥青混凝土结合层面处理、模板制作及安装(心墙底部及两岸接坡扩宽部分采用人工铺筑时有模板制作及安装)、沥青混凝土的铺筑3个工序,沥青混凝土的铺筑工序宜为主要工序。

模板制作及安装施工质量标准见表7-12。

5. 预应力混凝土工程中模板工程的质量标准

本节适用于水工建筑物中闸墩、板梁、隧洞衬砌锚固等预应力混凝土后张法施工(包括有黏结、无黏结两种工艺)质量的验收评定。

预应力混凝土单元工程分为基础面或施工缝处理、模板安装、钢筋制作及安装、预埋件(止水、伸缩缝等设置)制作及安装、混凝土浇筑(养护、脱模)、预应力筋孔道预留、预应力筋制作及安装、预应力筋张拉、灌浆、外观质量检查10个工序,其中混凝土浇筑、预应力筋张拉宜为主要工序。

模板安装工序施工质量应符合普通混凝土工程中模板工程质量标准的规定。

模板制作及安装施工质量标准见表7-9。

参 考 文 献

[1]《建筑施工手册》(第五版)编写编委会. 建筑施工手册(第五版)
[M]. 北京:中国建筑工业出版社,2012.

[2]《水利水电工程施工手册》编写编委会. 水利水电工程施工手册
(第3卷混凝土工程)[M]. 北京:中国电力出版社,2002.

[3]《水利水电施工工程师手册》编写编委会. 水利水电施工工程师
手册[M]. 北京:中科多媒体电子出版社,2003.

[4] 全国一级建造师执业资格考试用书编写委员会. 水利水电工程
管理与实务[M]. 第四版. 北京:中国建筑工业出版社,2014.

[5] 全国二级建造师执业资格考试用书编写委员会. 水利水电工程
管理与实务[M]. 第四版. 北京:中国建筑工业出版社,2015.

[6] 张建华. 坝工模板工[M]. 郑州:黄河水利出版社,1997.

内容提要

本书是《水利水电工程施工实用手册》丛书之《模板工程施工》分册,以国家现行建设工程标准、规范、规程为依据,结合编者多年工程实践经验编纂而成。全书共 7 章,内容包括:模板设计基本知识、模板支撑体系、木模板制作、模板的安装与拆除、特种模板、模板工程安全知识、模板工程质量控制检查与验收等。

本书适合水利水电施工一线工程技术人员、操作人员使用。可作为水利水电模板工程施工作业人员的培训教材,亦可作为大专院校相关专业师生的参考资料。

《水利水电工程施工实用手册》

工程识图与施工测量

建筑材料与检测

地基与基础处理工程施工

灌浆工程施工

混凝土防渗墙工程施工

土石方开挖工程施工

砌体工程施工

土石坝工程施工

混凝土面板堆石坝工程施工

堤防工程施工

疏浚与吹填工程施工

钢筋工程施工

模板工程施工

混凝土工程施工

金属结构制造与安装(上册)

金属结构制造与安装(下册)

机电设备安装